原子力と地域社会

東海村 JCO 臨界事故からの再生・10 年目の証言

帯刀　治
熊沢紀之
有賀絵里
編著

文 眞 堂

まえがき

1999年9月30日に茨城県東海村で起こったJCO臨界事故から、10年目の年を迎えています。この事故では、従業員2名の死亡のみでなく、JCO従業員、救急隊員の被曝、さらには周辺住民の被曝、350m圏住民の避難、10km圏住民の屋内退避という措置がとられました。被曝した方は666人とされています。東海村の原子力研究所において日本ではじめて原子炉が運転されて以来、原子力発電所、再処理工場など様々な原子力関連の事業所が村内に作られました。東海村は原子力とともに発展してきた村でもあり、住民の原子力に対する理解と期待は高いものだといわれていました。しかし、この事故により、原子力の安全神話は崩壊しました。住民、行政、原子力事業者は、安心して暮らせるまちを目指した新たな関係を構築する必要に迫られました。

東海村に隣接した水戸市、日立市にキャンパスをもつ茨城大学では、住民からの要請に呼応して、文部科学省に研究費を申請し、理系文系の様々な分野の研究者が臨界事故の総合研究に携わってきました。その研究成果を市民、学生に直接還元するために、「原子力施設と地域社会」という題名で教養総合科目の集中講義を2000年より開講し現在まで継続してきました。

本書は、2008年2月に茨城大学が東海村と共同で開催した講義の講義録です。茨城大学並びに福島高専からの200名近い学生に加えて、市民、東海村職員、原子力事業者が参加し広い会場が満席となりました。受講者の熱意が講演者にも伝わり充実した授業、質疑応答となったと思います。また、授業中に行った公開討論もそれぞれの立場からの本音が述べられ、意味深い議論であったと思います。

このように、大学と地方自治体が協働して、自由に議論できる場を提供することがとても重要だと考えています。この様な場に学生が集まり利害関係にとらわれずに議論することによって、ともすれば、それぞれの立場に固執しがちな市民、行政、原子力事業者も胸襟を開くことができたのではないかと思います。また、地球温暖化をどのように捉え原子力をどのように位置づけるかについて、さらに原子力産業と共存する自治体のまちづくりを考える上でも、本書の議論は有益だと思います。臨界事故を契機として、東海村がどのように変貌しつつあるのかは、東海村にとどまらず、原子力発電所を有する多くの自治体の住民にとっても意味深いことだと思います。

また、大都市住民にとっても原子力事故は対岸の火事ではありません。首都圏と東海村は100kmの距離しかありません。テロなどによる大事故が起きた場合、10mの風速であれば、3時間足らずで放射性物質は東京都内に流入してしまいます。

本書をお読みの方は、利害関係にとらわれない自由な気持ちで、この講義に参加してみてください。現在、原子力大事故を想定した防災避難訓練が各地で行われようとしています。この講義への参加は、防災避難訓練と同様に意味のあることだと思います。

2009年1月

熊沢　紀之

てもお話し頂きます。これは東海村各地の土壌放射能を測定・分析し、土壌の放射能汚染の有無について検討された結果です。

二番目に、私、熊沢が「**チェルノブイリ事故の化学処理**」という題名で、原子力施設に起こった最悪の事故の概要と、放射性物質汚染の拡大を防ぐためにロシアの化学者達が行った処理方法を紹介します。汚染拡大防止に迅速に対応するために、ロシアではこの化学処理に必要な薬剤を備蓄しているとのことです。

三番目に、「**リスクコミュニケーション**」という題名で、財団法人・電力中央研究所で上席研究員を務められている土屋智子氏にお話し頂きます。リスクを正しく理解することとリスクを住民に分かりやすく伝えるためのコミュニケーションの重要性についてのお話しです。このことは危険を伴う事業を推進する場合に、先ず行わなければならない大前提ともなる事柄だと思います。

四番目の講義は、茨城大学工学部講師・桑原祐史氏に「**避難所までの経路のコンピュータシミュレーション**」との題名でお話し頂きます。原子力災害が起こったときに、避難所まで移動しなければならない場合もあります。この時、予め住民の自宅から避難所までの経路を調べておくことが重要になります。その際、移動にどの程度の時間が必要なのか、避難経路に問題点はないのか等を把握しておく必要があります。行政も避難経路に関する定量的なデータを保有しておく必要があります。そのためには、コンピュータシミュレーションは重要な手法だと思います。

五番目は、茨城大学非常勤講師で、地域総合研究所の客員研究員をされている有賀絵理氏に「**避難所のバリアフリーと要援護者の避難訓練**」という題名で講義をお願いしました。防災避難では健常者を中心とした行動マニュアルを考えてしまいがちで、障害を持つ人を考慮していない場合があります。障害を持つ人の避難は健常者に比べて格段に難しくなります。また、避難所のバリアフリーが十分でないと避難所に入れない場合もあります。障害を持つ人が円滑に避難所まで移動でき、支障なく避難所を利用できなければ避難対策は完全とは言えません。逆に障害を持つ人が安全に避難でき、不自由なく避難所を利用できれば、健常者にとっても理想的な防災環境となると思います。この様な立場から、障害当事者である有賀氏がご自身の体験をもとに研究された成果を発表次に、混乱の中で役場の職員を指揮し、周辺住民の避難を決断し実行された東海村村長村上達也氏に、「**JCO 臨界事故時の対応**」というタイトルでお話し頂きます。事故現場の最前線の責任者として、住民の安全のために大きな決断に至るまでの切迫した状況をお話し頂けると思います。

以上の講演を踏まえて、JCO 事故後の対応はどのように評価されるのか、どのような問題点が表面化したのか、またその問題点がどのように改善されたのかについて、会場の参加者からの質問や意見を踏まえて、茨城大学教授・帯刀治氏の司会で小野寺氏、村上氏、熊沢が参加して公開討論を行います。

第二のパートでは、『**地球温暖化と原子力**』というテーマで、二つの講義があります。臨界事故のような事故が起こっても原子力発電が必要だと言われる理由の一つに、炭酸ガスによる地球温暖化があります。原子力発電所は運転中に炭酸ガスを出さないという視点から、内閣府原子力委員会で委員長代理を務められている田中俊一氏に「**国策としての原子力**」という題名でお話し頂きます。

さて、炭酸ガスの増加と地球温暖化については、小学生でも知っている常識のようですが、常識が真実とは限りません。炭酸ガスが増加するから地球が温暖化するのではなく、地球が温暖化するから炭酸ガスが増加するのだと考える科学者も沢山います。これに関して、地質調査所首席研究官を経て茨城大学教授を務められた大嶋和雄氏に、地質学の視点から「**日本のエネルギー政策と課題**」という題名で二つ目の講義をお願いします。このパートでは、炭酸ガス地球温暖化説が正しいか否かを議論するのではなく、常識だと思えるような問題についても多様な意見があることを理解して欲しいと思います。

第三のパートは『**リスクと防災**』というテーマのもとに五つの講義を行います。エネルギー需要の増加と石油資源枯渇への懸念から、原油価格も上昇しています。エネルギーの安定供給のためには、原子力発電を選択肢から外すことは出来ません。一方で、JCO 臨界事故からも分かるように、原子力エネルギーの利用にはリスクも伴います。リスクに対応した防災対策が必要となります。

最初に、茨城大学教授・田切美智雄氏に、「**環境放射線と健康**」という題名で講義をお願いします。また、田切氏が調査された東海村の土壌放射能についとで協定を結びました。

その第1回目がこの講座でございます。今までの茨城大学でやっていた実績の上に、また地域社会との連携ということで、東海村で開くのはこれが初めてです。これまでは茨城大学の教室で開いてきたわけですが、地域社会づくりに茨城大学も協力しようと、そして我々も、我々の持っている地域の実情を茨城大学に提供して、茨城大学からも還元していただこうということです。今回は村民の方もたくさん参加しておられますが、原子力事業所関係からもたくさん参加しておられます。そういう点では、学生と地元の人たちが、或いは事業所の人たちとの交流がつくれるということで、大変意味のある授業だと思います。茨城大学といたしましては、研究成果を「東海村原子力防災対策と地域社会」という題名で、地域総合研究所が平成17年3月に発刊していますが、今後は共同してさらに発展を考えていきたいと思います。

話は長くなりましたが、東海村のリコッティという環境に恵まれたところで、今日、明日と開催されます。来週は茨城大学の教室で開催されます。皆さんにお願いしておきたいと思いますが、来週もどうか久しぶりに大学の雰囲気も味わうということで、茨城大学の講義にも参加していただいて学んでいただきたいと思います。大変まとまらない話になってしまいましたが、挨拶に代えさせていただきます。今日の午後は私も講師をやるということで、恥ずかしながら務めさせていただきますが、どうぞ一日よろしくお願いいたします。

講座運営・講義日程など

熊沢

それでは、具体的に講義内容を説明します。この講義は四つのパートに分かれています。

第一のパートは、**『証言―JCO事故』**というテーマで、二人の方に講師をお願いしました。

先ず、JCO事故を受けて東海村役場がどのように対応したのかについて、「**JCO臨界事故―東海村で何が起こったか**」という題名で、当時原子力対策課課長補佐として現場で活躍された小野寺節雄氏に、JCO事故の通報から始まる緊迫した役場の模様をお話し頂きます。

オリエンテーション

茨城大学工学部 准教授　熊沢　紀之
東海村 村長　村上　達也

熊沢　それでは、定刻になりましたので、ただいまから東海村と茨城大学の共同開催によります公開講座「原子力施設と地域社会」を始めさせていただきます。

本講座の開催にあたり、共催者を代表して東海村の村上村長からご挨拶をいただきます。それでは、村上村長、よろしくお願いいたします。

東海村　村上村長　挨拶

皆さん、おはようございます。東海村の村長の村上でございます。

今日は、茨城大学の学生の皆さん方150名くらいと聞いておりますが、その学生さんを主体といたしまして、そしてまた、東海村の住民の皆さんも参加していただきまして、ありがとうございます。

この講座は、元々、茨城大学で、JCO臨界事故直後の2000年から始まっているということで、茨城大学の熊沢先生と地域総合研究所が一体となりまして、連続して集中講座を開催してまいりました。その度に、私はJCO臨界事故を体験した村長ということで招かれまして、講師を務めさせていただいたという経緯があります。これは茨城大学主体としてやってきた講座ですが、昨年の3月に茨城大学と東海村が協定を結んで、そして連携して開催しようということになりました。地方分権、地方の時代ということですから、私ども東海村といたしましては、茨城大学の持っている研究の蓄積を、或いはその知性というものを東海村のまちづくりに活かしていきたいということでありました。また、茨城大学も地方の時代において、地域を大事にしていこう、研究成果を上げていこうという、双方の思いが一致しまして、総合的に連携しようというこ

目　　次

して頂きます。

第四のパートは『**まちづくりは続く―リスクに向き合いながら**』というテーマのもとに四つの講義があります。JCO 臨界事故の経験やリスクを踏まえた上で、まちづくりをどのように進めていけばよいのかについて考えたいと思います。

一番目は、「**原子力施設の立地と東海村の変化**」という題名で、福島高専准教授・齋藤充弘氏にお話し頂きます。齋藤充弘氏はJCO 事故直後に、茨城大学で博士号を取得されてからの二年間、博士研究員としてJCO 東海村の成り立ち・原子力研究所誘致・誘致当時の都市計画・臨界事故の前後での住民意識の変化等を精力的に調査研究されてきました。その成果を中心とした講義です。

二番目の講義は、茨城大学人文学部教授・斎藤義則氏に「**東海村のまちづくり**」という題名でお話し頂きます。斎藤義則氏は、東海村の将来計画策定にも委員として参加されています。従来の原子力を中心とした東海村から、大強度陽子加速器（J-PARC）を活用した原子科学研究都市へと発展を目指している村の現状や、行政と市民団体の協働によって国際的に開かれた村にしようとする試みについてもお話し頂けると思います。

三番目は、茨城大学人文学部教授・帯刀治氏に「**震災復興・都市再生からの教訓**」と題した講義をお願いします。帯刀氏は、阪神淡路大震災の復興支援に学生ボランティアと共に参加され、災害直後の現場の状況と行政による復興計画を検証されました。住民の意向を取り入れない行政主導型の復興計画や都市計画には問題点が多いことを強く指摘されています。市民を無視した行政への批判的な立場からのお話しになると思います。

四番目は、元水俣市長の吉井正澄氏に「**公害からの復興のまちづくり**」と題した講義をお願いします。ご存じのように、チッソ株式会社水俣工場からの水銀汚染により、住民は大変な被害を受けました。水俣病として日本の公害の原点ともなった悲惨な出来事です。チッソの水俣工場の製品が国策としての化学産業振興の基幹材料となっていたがために、地方で公害に苦しむ人々を無視し結果的に被害を増加させた過程は忘れてはならないことだと思います。臨界事故によって、茨城県の農産物や水産物のみでなく工業製品までに風評被害が及びました。さらに、茨城県への旅行者の激減や茨城県民が旅行先で宿泊を拒否されることもありました。しかし、それ以上に水俣病による被害は大きく、それに対する差別と対立による地域社会の崩壊は言葉に尽くせないほど深刻であったと思います。吉井氏はその対立を「もやい直し」という運動によって解消する一方で、市長として市政の不備を認め被害者に謝罪をされました。大変勇気のある決断であったと思います。この決断が、水俣の公害訴訟の解決の糸口となりました。そして、水俣市はかつての悲惨な公害病の街から脱却して、環境モデル都市として世界から注目される街として変貌を遂げています。吉井氏の講義では、行政が変わることにより市民の意識が変わり、マイナスのイメージの水俣から世界をリードする環境モデル都市水俣への再生の過程をお話し頂けると思います。このことは、東海村が臨界事故を克服し、さらなる発展を目指すための重要なヒントとなると思います。

以上の第一から第四までのパートで、東海村を通して原子力施設と共存する地方自治体の現状や問題点、そして問題点克服のための様々な努力を理解した上で、私達のライフスタイルや地域の未来を考察して頂ければと思います。この授業に対しても「臨界事故による被害を早く忘れたい」、「JCOが違法作業を行っただけのことであり、それ以上のことを考察する意義はない」との意見も当初聞いたことがありました。しかし、実際に授業を立ち上げてコーディネーターとして多くの方々の講義から私自身が学んだことは、事故に至った様々な要因を丹念に解き明かし、事業者と市民の間の信頼関係に基づく共通の安全意識を構築しなければ、東海村の将来像を描くことはできないということでした。

この授業は、単に東海村の事例にとどまらず、全国の原子力施設を持つ地域社会や企業城下町の未来を考える上でも有意義であると思います。

巻末に付録として、原子力関係の用語をQ&A方式で説明しています。各講義の中で専門用語が分かり難い場合は、参考にして下さい。全体を読んでから付録を読めば、講義全体の復習になります。先に付録から読めば、本書全体を読むための基礎知識となると思います。

I　証言—JCO 事故

核燃料施設で臨界事故

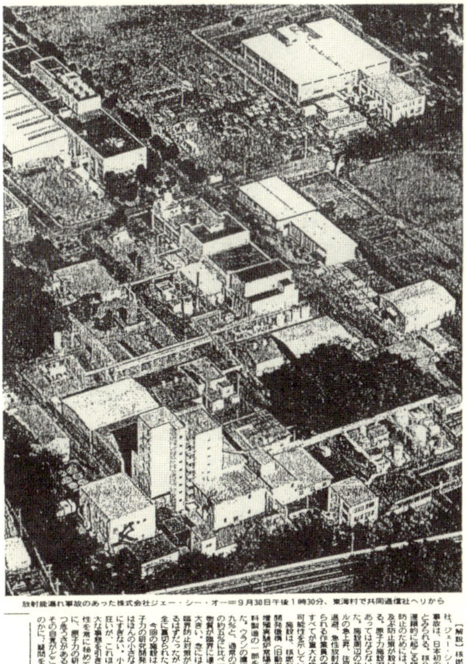

放射能漏れ事故のあった株式会社ジェー・シー・オー＝９月30日午後１時30分、東海村で共同通信社ヘリから

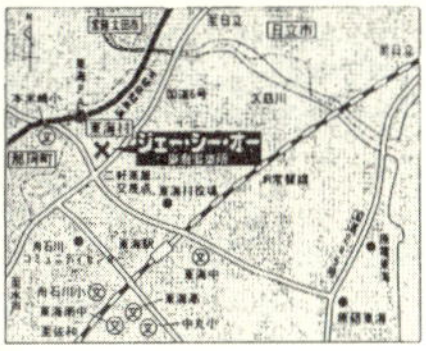

東海村

放射能漏れ、３人被ばく

10キロ圏に屋内退避勧告

三十日午前十時三十五分ごろ、東海村石神外宿の核燃料加工会社ジェー・シー・オー（本社東京都港区）の東海事業所転換試験棟で、放射能漏れの警報が鳴り、三人が被ばくして倒れた。二人は嘔吐（おうと）や下痢症状があり、意識はあるが重症。被ばく量は少なくとも八シーベルトと、原爆被ばくに匹敵するレベル。核分裂の連鎖反応による日本初の臨界被ばく事故で、同日夜には再び臨界状態になった可能性が出ている。このため、茨城県が半径十キロ以内の住民に屋内退避を求め、JR常磐線は水戸―日立間で運転を中止。住民約百六十人が避難するなど日本の原子力史上、最悪の事態になった。県は同日、橋本昌知事を本部長とする県原子力事故対策本部を設置した。

（3、20、21、22、23面に関連記事）

政府は事故対策本部を設置。同日夜の初会合で小渕恵三首相が「引き続き放射能の影響も懸念される厳しい事態だ」と述べ、野中広務官房長官も「経験したことのない事態」と危機感を示した。

科学技術庁などによると、事故当時、ウランを硝酸で溶かす作業中で、社員は「青い光を見た」と話している。沈殿槽と呼ばれる容器にウラン化合物を移す際、制限値の二・三キロを超える約十六キロの放射性物質を入れ、臨界に達したらしい。

扱っていたウランは高速増殖炉「常陽」の燃料。通常の原発は、濃縮度五%以下のウランを使うが、約一九%の高濃度ウランだった。

被ばくした三人は、いずれもジェー・シー・オー社員の大内久さん(35)、篠原理人さん(39)、横川豊さん(54)。国立水戸病院から千葉市の放射線医学総合研究所にヘリコプターで運ばれたが、大内さんは医師の呼び掛けにこたえない状態。篠原さんは意識がもうろうとしている。

文部省は半径十キロ圏の学校に、十月一日は休校とするよう要請した。

県が出した避難勧告の対象地域は水戸、日立、常陸太田、ひたちなか、東海、那珂、瓜連、大宮、金砂郷の九市町村。

新たに11人

ジェー・シー・オーは三十日午後十一時半、被ばくして医療機関に搬送された三人とは別に、新たに従業員十一人の頭髪に放射線による汚染があったと発表した。十一人は同社で事故の対応などに当たり、同日夜同村の石神コミュニティーセンターに移動していた。

狂った小さな歯車

国内最悪の原子力事故

【解説】核燃料加工会社、ジェー・シー・オーの事故は、日本初の臨界事故とみられる。核分裂反応が連鎖的に起こる臨界事故の防止のためには、何重にも及ぶ防止策が設けられている。原子力施設では決してあってはならない事故だった。施設周辺の放射線レベルの急上昇、住民の避難や通過、急性放射線障害とみられる作業員の症状など、すべてが重大な臨界事故の可能性を示している。

施設は、核燃料サイクル開発機構（旧動燃）の高速増殖実験炉常陽のための燃料製造の一部を行っていた。ウランの濃縮度は約一九%と、通常の軽水炉燃料の約五%に比べて高く、核物質が臨界に達する危険も大きい。念には念を入れた臨界防止対策が取られているはずだったが、それは完全に裏切られた。

今回の施設は、日本の原子力の研究開発体制の中ではほんの小さな歯車の一つにすぎない。小さな歯車の狂いが、これほどまでに重大な事故を引き起こす危険性を常に秘めていることに、原子力の研究開発が持つ危うさがある。関係者にその自覚がどこまであったのか、疑問を抱かざるを得ない。

政府は、原子力の推進を次世紀のエネルギー供給の主軸と位置付けているが、これに対する国民の不安や不信は募るばかりだ。多くの関係者が「信じられない事故」と口をそろえる今回の事故は、国民の原子力への不信感を決定的にするものとなる可能性が高い。

『茨城新聞』平成11年10月1日

Ⅰ－1　JCO臨界事故―東海村で何が起こったか

東海村建設水道部都市政策課 副参事　小野寺　節雄

熊沢　「JCO臨界事故―東海村で何が起こったか」を題目に、東海村建設水道部都市政策課の小野寺さんに講義をお願いします。事故発生時の陣頭指揮をとられた方で、非常に精力的に行動された方です。その際、どのような情報が入ってきたのか、あるいは、どんなことが起こっていたのか、どんなふうに村が対応したのかをお話しいただければと思います。茨城大学によるアンケート調査では、たとえば那珂町、現在の那珂市の対応や周辺の市町村の対応に比べて、東海村の対応は、住民の評価が高いという結果が出ています。村長さんや小野寺さんをはじめとした担当者の方々が努力された結果だと思います。小野寺さん、よろしくお願いいたします。

共同講座に取り組んできた理由

小野寺　皆さん、こんにちは。ご紹介いただきました小野寺と申します。

私の後に村長の講義があるということで、中身は多少違いますが、お話しをさせていただきたいと思っています。我々が、茨城大学と共同で、なぜこの講座に取り組んできたかについては、この事故は、これからの将来、大事な要素をもつだろうと思います。できるだけこの事故を風化させないことが1つの目的です。また、事故のことを住民の皆さんと一緒に考えていきたいと思います。事故後、8年を過ぎ、9年目に入ってきますが、だんだん記憶が薄れてきてしまっていますので、それを再度思い浮かべていただきながら、講義に参加していただければと思っております。それから、今日も皆さんの中に原子力事業所の方々もおられますが、私共は行政の立場でJCOの事故にあたっておりますが、専門の方々においては、専門の立場で、当時たいへんご苦労があったと思っております。東海村の地力といいますか、そういう方々の知恵を借りながら、住民の皆さんと一緒に考えて、われわれの将来の東海村をつくっていければということが、2 番目の目的です。

これから、村は「高度科学研究文化都市」として、原子力とは切っても切り離せないという現状にあります。この講義のテーマは「JCO 臨界事故—東海村で何が起こったか」ですが、これは東海村誕生 50 周年の経緯の中で、なかなか一言では語れないものがあります。とくに、原子力関係者の皆さんには、思いが強いのでありまして、その恩恵に伴ってこれまで発展した経過を踏まえて、考えていただけたらと思っています。私もそういう中でお伝えしていきたいと思います。

原研立地の経緯

まず、原子力が誘致される時、その原子力といいますのは、まず国策、国のエネルギー政策として、東海村に設置されたと聞いております。昭和 28 (1953) 年 12 月のアメリカの大統領アイゼンハワーが「アトムズ・フォー・ピース」と、原子力の平和利用を提案しました。その中で、国際監視機関に管理機構として IAEA がジュネーブにできたわけです。一方で、昭和 28 年に市町村合併促進法ができまして、東海村の前身であります石神村と村松村が合併し、東海村が誕生したわけです。その後、間もなく昭和 31 (1956) 年に、東海村の原子力の立地について審議がなされました。広い土地を確保することが必要ということで、射爆場、今は常陸那珂港になっておりますが、その辺の土地に誘致できないかと地元が動きました。常陸那珂港周辺にという考え方もあったようですが、当時は米軍基地の射撃訓練場があったものですから、そこに誘致するには危険があるということで、東海村に決定されたと聞いております。

ただ、条件の中で、東海村に誘致された理由として、東京から近いというのと、広大な面積の敷地が確保できるということと、もう一方では、海に面しておりますので、海水が、つまり冷却水が採り入れやすいということがあったようです。それから、何と言っても、地元の熱意と、地質調査の結果、安定した地盤であると言われました。これはあとから問題になるかもしれませんが、そのような条件があったということです。それから、当時は放射能汚染が発生しても、住民の生活に影響しない範囲で広い土地を確保すれば、問題ないということが条件にあったということです。そういう経緯がありまして、東海村に昭和 31（1956）年に決まったのです。その後、昭和 32（1957）年に、核燃料サイクル機構の前身の燃料公社ができまして、後に核燃料サイクル機構に社名変更しました。その後すぐに原子力発電所が立地されるわけです。まさに、原子力黎明期から成熟期に向かってきました。さらに、昭和 30 年代、40 年代と、50 年代に入って、東海発電所第 2 号炉が稼動していくという歴史になります。

原子力の安全協定

さて、そういう中で、原子力事故がどのように関わりをもっているかということですが、原子力が誘致・立地され、稼動し始めますと、市町村の所在と何らかの関わりをもっていかなければいけないという意見が出ました。法律をつくるというよりは、むしろ地元の意見、県の意見として、原子力業界にものが言えるようにしていこうじゃないか、ということでした。その結果、昭和 49（1974）年の 12 月に、原子力安全協定という形で、協定を結んでいくという形になります。この協定には目的が 3 つあります。1 つは、安全確保を条件としております。次に、地域住民の理解と同意が得られることです。そして、3 つ目ですが、地域に恒久的な福祉が得られるということでした。

この恒久的な福祉ということが、われわれ地域住民の現実的なところで、国からお金が下りてくることになります。この恒久的な福祉が、原子力誘致に弾みをかけて全国に広がることになります。特に、地方におきましては、このお金が補助金、交付金という形で下りてくる。お金が下りてくるということは、原子力を誘致するためのお金だということで、ここに政治的な解釈がかなり加わってきます。我が村にも、我が市にも、ということで、全国に要望が出てくるという、立地する条件が整ってくることになったわけです。今、原子力発電所が 54 基稼働していますけれども、そのような運命を辿って立地されているということになります。

スリーマイルアイランド、チェルノブイリ原発事故

昭和 54（1979）年に、スリーマイルアイランドの原子力発電所で事故が発生しました。これは多くの住民が避難をした事例です。その 7 年後にチェルノブイリ発電所事故が起きました。あれから 20 年以上たっていますけれども、そのお孫さんたちが生まれる時代に差し掛かってきているということですが、今だに放射線障害が続いていることを先日テレビで見ました。それから、東海村は、平成 9（1997）年 3 月 11 日に、旧動燃の火災、アスファルト爆発事故というのがありました。さらには、平成 11（1999）年 9 月 30 日の JCO 臨界事故が起こりました。

JCO 臨界事故の第 1 報は 11 時 33 分

村に第 1 報が届いたのが、時系列の中では 11 時 33 分となっています。JCO から電話が当時の企画課に入ったのです。担当者が離れておりましたから、私の原子力対策課に話がありまして、事故があったと。その後、間もなく FAX が入りました。その FAX の内容は、10 時 35 分、転換試験棟で、放射線の感知器の警報が鳴っているとの報告でした。それから、従業員 3 名が被曝しており、救急車で国立水戸病院に搬送されている。その末尾に臨界事故の可能性があるということが書かれてありました。

臨界事故ということで、私共と一緒に仕事をしていた原子力研究所の技術者が、これはえらい問題だと、臨界というのはあってはならないことだと、臨界事故はあってはならない第 1 の鉄則だったと言うのです。そのため、FAX を受けた時に、臨界が起こったということは、私共としても、非常に大変な事象だと判ったわけです。ちょうど、お昼前でしたので、職員何人かを集めて、内部で災害対策連絡会議というのを召集し、全庁的な周知を図ろうじゃないかということになりました。FAX を受けた時に、私は公害技術センターに電話を入れました。ところが、電話を入れたのですけれども、モニタリングポストの数値が高いために、センターの線量にランプが点灯して、どういう状況になっているかがわからないということでした。そして担当者との連絡は途中で途絶えてしまいました。

その後、茨城県原子力安全対策課に電話を入れまして、どういう事情かとい

うことを確認をしてみたのですけれども、担当者の話では、線量的には 10 倍程度だから問題ないのではないかという返事でした。これは意外だなという感じで、あまり理解していないのではないかなという感じを受けました。けれども、10 倍程度だという話は聞きました。その後、県の災害対策課と連絡を取ると同時に、私共の助役が災害対策本部に切り換えようということで、村の全庁的な体制である災害対策本部を立ち上げていったわけです。

線量＝0.84 ミリシーベルト

間もなくしましたら、第 2 報が入ってきました。その時に初めて、臨界事故が起きてからの線量評価が、最大で 1 時間あたり 0.84 ミリシーベルトと分かりました。つまり、外部に完全に漏れているという線量の確実な一つの目安があるという報告を受けました。時間当たり 0.84 ミリシーベルトというのは非常に高い線量です。これが、仮に、10 時間というと、8.4 ミリシーベルトとなり、災害対策本部を立ち上げるのが当たり前の状況でした。通常、われわれが 1 年間に自然界から受ける線量は 2.4 ミリシーベルトです。

「JCO で事故が発生して、放射性物質が外に漏れた」、「付近の人は外に出ないように」と放送

それが、外に出て、0.84 ミリシーベルトとなると、非常に高い値が出たことになります。そのようなことを考えて、即、災害対策本部をつくると同時に、今度は事故が起こったことを、どう住民に伝えるかが頭に浮かびました。住民に第一報を入れるのですが、正直いいますと、実はどのように放送していったらいいか、なかなか決められなかったのです。

最終的に決まったのが、「JCO で事故が発生して、放射性物質が外に漏れた」と、「付近の人は外に出ないように」と放送します。この一報を放送したために、あらゆる機関から連絡を受けて、村の私がいるデスクの電話がパニック状態になりました。「何が起きたのか」、「JCO という会社はどこにあるのか」、「どんな事故だったのか」……。

私共も平成 11 年の時には、JCO という会社をあまり認識していませんでした。よくよく調べたら、平成 10 年まで核燃料開発コンバージョンという名前

だった会社が平成 11 年に社名変更したことが分かりました。その前身の名前はよく覚えていたのですが、JCO という会社はほとんど想像もできなかったのです。そのために、どこにあるのかを調べるのに時間がかかりました。次に、臨界が起きているということはわかったのですが、その状況がよくわからなかったのです。

第 1 報で被曝者を国立水戸病院に搬送していると言っているのですが、国立水戸病院では治療するという状況にはなっていなかったのです。原子力事故が、度々起るものでしたら、整備されているのでしょうけど、そういう設備が整っていなかったのです。そのために、国立水戸病院と消防署の職員の間で何度もやりとりがあって、なかなか国立水戸病院では受け入れてくれなかったようです。その後になって、JCO に行って確認してこいということになるのですが、私共の職員が行った段階でも、消防の救急隊はそこに止まって、患者さんを乗せて搬送できずにその場にいたという状況でした。医療体制の面から、国立水戸病院でも受け入れることは出来なかったようです。そのため、患者さんは千葉県の放射線被ばく医療研究センターに搬送されるということになります。医療の面も整っていなかったという現状があります。

状況について、現地からの報告をもらうのですが、現地に行った村職員も何が起きているのかわからない。その間に、JCO の職員の方から連絡を受けたのですけれども、その職員の方は「もう、すでに我々は避難をしています」と、「避難を住民に対しても呼びかけています」というような電話を受けました。ところが、消防職員はそこで足止めを食らっている状態なので、どうやって避難しているのかなと、あるいはどのように住民に避難を呼びかけているのかなということを感じました。

縦割りの原子力防災対策

当時は、原子力防災というのは、国から災害の指令があって、茨城県に下りてきて、その茨城県の指示のもと、村が動くというような縦割りの防災対策になっていたのです。ところが、JCO 職員が真っ先に住民に避難を呼びかけていることに対して、非常に危惧の念を抱きました。それはおかしいだろうと、国や県から連絡があるのではないだろうかと思いました。「JCO が直接に国や県に何か連絡をしているのか」とも聞きましたが、JCO からは「我々が、今、呼びかけている」という返事だけで、電話を切った覚えがあります。

その間、村では助役が村長に連絡を入れます。村長が出張先から帰ることになります。それがちょうど午後1時半頃でした。その後、村長が災害対策本部長を引き継ぐということになります。その間、線量は下がってきますが、常陸太田市の磯部という所が高いというものですから、当時の助役の指示で、「取水管を止めろ」ということになりました。止めてもいいものかなと思ったのですが、その時には「ああ、そういうことか」と思いました。状況がわからないが、線量が高いから取水を止めるという、チグハグな対応かも知れませんけれども、そのようにいたしました。夜になりますと、水が足りなくなり、お風呂に入れないということで、非常に被害が拡大することになります。住民に対しては「できるだけ屋内に待避してください」と呼びかけたものですから、現状がどうなっているのかということで、多数の問い合わせがありました。

そうやっているうちに、マスコミが役場の5階の対策本部の中にドーッと雪崩込むような感じで入ってきました。村長が戻って来たときには、そういう状況の中で指揮を執ることになりました。本来ですと、対策本部の組織体制を整えてから、指示を出すべきでしたが、それができない状況になって、JCO の事故とはどういうものなのか、わからない中で対策を図っていくことになったわけです。ですから、職員もそういう意味では、対応ができなかったということが現状であります。

第5報目の中で、3人の被曝者が出たと言っていましたけど、1人の方が話をできるということで、確認してみると、「ウラン溶液を加工中に臨界が起きた」、「青い光を見た」という証言を得られます。JCO という会社で通常の作業をしていてなぜ臨界が起きたのかということが、後になって専門技術者も含めて疑念を感じたところであります。おそらくは、原子力関係者の皆さんは、全員がそう思ったのではないかと思います。この辺の話は、村長にお願いしようかなと思っていますが、臨界が起きた過程は、完全に作業工程を逸脱していたということが後で分かりました。ですから、その時は、そういうことはあり得ないだろうと思っていました。なぜ臨界事故が起きたのかということが、第一の疑問だったのです。

避難準備・通勤バスの確保も

それから、住民に屋内待避と呼びかけておりますが、万が一、放射性物質が外に出ているということを予測しまして、避難もあり得るという前提で、民間会社のバスをチャーターしようと思いました。ところが、いろいろ民間会社に電話をして、バスを用意して欲しいとお願いに当たったわけですが、実は、余分なバスがありませんと断られました。それで、原子力事業者が通勤に使用するバスを事業所に連絡して配車してもらいました。いつでも避難ができるように、村長が戻られてから、いつでも避難ができるような対応をしていたということです。

この事故の後に、原子力災害特別法、災害対策基本法の延長として、原子力災害特別措置法ができます。これは、まさにJCOの事故に則して、どのように対応すべきだったかという反省を踏まえて、初期動作の対応とか、自治体間の連携、こういうことをまず盛り込んでいったわけです。

JCOの施設というのは、東海村と那珂市の近隣にあります。ひたちなか市、那珂市、日立市の職員が、東海村で原子力事故が起きたということを聞き付けて来ました。この事故は本来ですと県の方から市町村へと情報が届くはずなのですが、県から市町村への連絡ができず、近隣市町村の職員が東海村の災害対策本部や、事務局の中に入り込んできました。そのため、できる限りJCOからのFAXをコピーして近隣自治体に伝えるという作業をしました。那珂市の職員は、災害対策本部を作った部屋に入ったために、マスコミの中に入ってしまい、何が起きているのかわからない状態で、情報を得るということが非常に難しかったと言っていました。日立市の場合には、私のところに来たものですから、FAXのコピーをそっくり送ったという経緯があります。その方が早いということでした。災害対策本部を立ち上げ、マスコミがドーッと入り込んでしまったために、情報を私共から市町村に発信することに支障をきたし、自治体の連携が良くできなかったと反省しております。それから、原子力災害の特殊性で、国が判断をはっきり示せないという中、縦割り行政の中で、国から県、県から市町村という構図になっていましたから、市町村が単独で判断することが非常に困難でした。

この話は、次の講義で、村長から話を聞けばよくわかると思います。原子力事業者の防災対策も、きちんと取られていませんでした。ですから、その後、法律の中に事業者の防災対策を盛り込んできたということであります。これで、原子力防災のための対策ができたわけです。それから、安全規制の体制というのが、平成15（2003）年からありまして、技術的な問題はともかくとしても、こういう事象に対して、原子力関係者が一同に対応を図るということが必要じゃないかと言われ、全国的なネットワークをつくることになりました。特に、原子力発電所の事故になった場合には、非常に大きな影響を受けるものですから、原子力関係者が一同に協力し合うことになりまして、NSネットというような組織が立ち上がります。事故になる前から勉強会、あるいは調査をし合って、お互いの安全を確認しようというのが、このネットの目的でありまして、事業者同士の確認をし合う組織です。

確率論的安全評価と確率論的リスク評価

この事故がある前は、原子力事故というのは、安全対策を十分にしているので、事故は起きませんというのが関係者の意見でありました。JCOの事故というのは、このような意味から考えると、「想定外であり得ないこと」という評価をしているところもありました。

もう一方で、原子力の専門家の方はよくわかると思いますが、確率論的安全評価、確率論的リスク評価、こういうような安全対策の中の一つの評価手法を用いております。

一つの発生事象に対して、リスクが少なくなるという考え方のようですけれども、特に、日本の場合には、確率論的安全評価というのを重んじています。一方で、アメリカの方は、どちらかというと、確率論的リスク評価です。リスクの評価の度合いをしっかりと把握しようということで、手法的には全く同じなのです。リスク評価のとらえ方は、随分、安全文化の違いがあるとい思います。JCOの事故が起きる前までは、ほとんど安全神話に包まれていたことが実情だったと思います。ところが、「事故は必ず起きる」ということです。まさにJCO事故に遭遇して、安全神話は完全に崩れ去ったと思います。

もう一つは、初期対応です。連絡を受けてから作業に入るまでに要する時間の問題です。私共は、11時34分にFAXを受けますけれども、事故は10時

35 分に起きています。1 時間たって連絡を受けるのです。その後 1 時間たって、私共が村民に防災無線で放送することになってしまいました。すでに事故後 2 時間が経過していて、この辺は何とかしなければいけないと思っています。つまり、初期の防災対策というのを徹底しなければならないということです。その後、原子力の世界でも「危機管理」という言葉がよく使われるようになりました。この危機管理というのは、阪神淡路大震災で日本においての危機管理というのが最初に取り上げられたのですけれども、原子力災害では、まさに、JCO 事故が危機管理の始まりであると言っても良いのではないかと思います。

原子力災害の特殊性

さて、原子力災害の特殊性についてですが、原子力災害は、通常、五感で感じません。簡単に言うと、痛くも痒くもないのです。なかなか理解しにくいものです。したがって、自分でどうしようもない、自助努力ができないという状況になります。体に感じないものですから、経験上、理解できない部分が多いということになります。どのくらい被曝しているか、どういう影響があるのかというのが自分自身ではわからないのです。

JCO 周辺の住民の方に、後になって「あなたは、このくらいの線量ですから大丈夫ですよ」と、簡単に話をしたのです。そしたら、その住民の方から「自分たちにとっては、その線量が、どう影響するかということが聞きたいのだ」と反論がありました。担当者と住民との摩擦から、誤解を生んだような状態になっていました。そのため、災害の状況が観念的に広まっていきますから、風評被害と全く同じなのであります。東海村という名前を聞いただけでも、全国から、品物が返品されるという現象も起きてきます。安全を証明するために丁寧に話し続けました。犬や猫にも安全証明を出すというようなおかしなこともやりました。東海村から旅行に行っても、東海村から来たというだけで、「事故があったところですか。あなたは、汚染は大丈夫ですか」というふうに聞かれまして、「予約がいっぱいです」と断られた方もいたそうです。

それから、JCO 事故当日の夕方になって雨が降ってきます。「体が雨に濡れたから、どうしたらいいのだ」という話がありました。一番困ったのは妊婦さんでした。妊婦さんに、どのように話をしていったらいいかということを悩みました。自分の子供は危ないのではないかというような不安を抱かれた方がたくさんおります。井伏鱒二の本に『黒い雨』という小説がありますけれども、二次災害で、子供が放射性物質による被曝を受けるという心配をしたのだと思います。この辺の風評被害や、心のケアについても、今でも続いておりますが、それを軽減することは、なかなか難しいことでありました。この点で大変苦労した覚えがあります。

原子力災害情報はマスコミとの連携が絶対必要

それから、原子力災害の情報を、防災無線で 3 日間に 70 回程放送しました。どのように放送したらいいかということが問題でした。非常に専門的な用語がありまして、住民の方に伝えていても、なかなか伝わらないという状況でした。臨界事故といっても、あまりピンとこない。何ミリシーベルトといっても、ピンとこないというような単語がものすごくあります。でも、その都度その都度、使い分けをして表現しても余計わからなくなるで、これをどう表現しようかと、相手の住民側にどう伝えようかということで、非常に悩みました。これからは、学習の場をつくらなければいけない、ということを痛切に感じました。

それから、情報の共有化という問題がありますが、どこで、どのような、という伝え方には無理があるということです。ですから、端的に、私共は、東海村の原子力施設と共存していくには、リスク評価をきちんとできるようにしていく必要があると考えております。それに伴って、原子力に対する共通認識を理解できるようにする必要があると思っています。

災害対策本部が立ち上がって、報道が過熱して、東海村が壊滅状態になったという報道までがされてくるという状況になります。特に、日本ではなく海外において、そういう報道がされました。たまたま、私どもの議会がイギリスに行った時に、イギリスでは「東海村で原子力災害が起き壊滅的状態になっている」という放送を聞いたということでした。議員の一人から次の日に、「イギリスでは、こういう報道がなされているけれども、どういうことなのだ」という電話を受けました。そういうことは全く あり得なかったわけですが、特に、外部に行けば行く程、情報が肥大化していくという状況が起きました。これからは、情報を提供していく側もきちんと情報管理をしなければならないと思います。また、共通認識に関する環境を整えなければいけないと思っております。

それから、広報のあり方ですが、防災無線という手段しかありませんでした。皆さんの家庭に、住民の方々に伝えるのには、非常に伝えにくいという、言葉を長くしてもわからないし、短くしても掴みにくいという現象があります。ですから、マスコミも一緒になって報道してもらう、協力者になってもらうということを考えました。マスコミというと非常に悪いイメージをもっていましたが、正しく情報を伝えれば正しく住民にも伝えてもらえるという機関として活用していくことが大事だとつくづく思いました。これからは、マスコミを味方にして、村からの情報を発信していこうと考えております。災害情報協定は結んでいませんけれども、災害の情報を流してもらうようにしています。もっと情報機関が発達すれば、地上デジタルで映像を通して流すというようなことができるのですが、まだそこまでの状況にはなっておりません。

原子力に対する行政への不安、不信感は、情報がきちんと伝わらなかったために、行政が悪いのだという考えも出ました。できるだけのことは行政もやっているのですが、なかなか住民には理解してもらえない。不信感を払拭するために、説明会を数回となく開催しました。

従来は縦割りの中で考えていましたから、国が情報を県に出し、県から市町村というのが、情報伝達のシステムでした。このシステムは、今日の段階ではずいぶん変わりました。災害特別措置法の中で、私共からも情報が発信できることになりました。ですから、村はできるだけ、村からの情報を流していきたいと思っています。

それから、安全意識の問題です。これも随分、変わったなと思っています。今までは、安全神話という形の中で、「事故は起きない」と考えられていました。現在では、物理的、あるいは人為的、テロを含めて「事故が起きる」ということを前提に物事を考えて、作業に当たるということが重要になりました。事故が起きた時にはどうするかということで、そのようなリスクの程度を考えて対応すべきだと思っております。

それから、最近は事故トラブルから何が言えるかということで、過去にはトラブルがもっと起きております。リスクの度合いに応じた報道をしていただければいいと思っています。その辺については、意見があれば、後で聞かせていただければと思っています。できるだけ情報は出していく、その時に、住民の方や周囲の方にどのようなリスクがあるのかということをしっかり踏まえていかないと、ただ情報を出すだけでは駄目で、逆に言うならば、収拾がつかなくなると思います。

最近では、新潟県に地震が2回続いておりますが、自然災害にも不信感が募っているのではないかと思っています。原子力発電所の運転に対する不安は、未だに払拭されていなのではないかと思っておりますので、きちんとした方針を立てて、安全に運営、運転できるという担保を取る必要があると思っております。

安全文化を、もう一度つくり直す

その担保を、原子力関係者の皆さんは守っていくことが、安全文化と信頼関係に繋がっていくのではないかと思うのです。JCO 事故が起きる前、原子力を東海村が誘致するときには、技術者の方々は、かなり崇高な理念を持っておられたと聞いております。原子力技術を確立するとともに、地域のために何ができるかということの意味を、随分、語っていたという話を聞いております。今の原子力技術屋さんに対しては、そういうことがあるのかなと思っております。もし、あるとするならば、今までお話したところの安全文化というのを、もう一度つくり直すということに、徹していただきたいと思っております。

原子力事業者の考える安全と住民の考える安全とに、かなり差があるということを気づいております。また、現代社会とは、リスクを含めて進んでいるのかなと思っています。全部が安全ではありません。安全の裏にはリスクがあると思っています。われわれは利益を優先しますけれども、リスクの方もしっかりと見ておかなければいけないと思っております。

また、それを伝えるコミュニケーションの社会ができているかどうかということも大事だと思います。特に、若い学生さんたちがいるところで議論ができるとか、あるいはNPO の活動で、安全の仕組みを自分たちの目で確かめるというような、相互に監視し合うという地域社会が必要なのではないかと思います。

細かい話は尽きないですけれども、私共が JCO の事故に遭遇して、何を学んできたかということをまとめてみました。行政的に思ったことをまとめておりますので、誤解なさらないでください。

一つは、絶対安全という考えをもたないでくれ、必ず、危険が伴っているところがあるということ。それから、危険なものをもっと正しく理解して、正しく伝えるということ。当たり前の社会が正しく伝わっていないということがあって、ごまかして過ぎれば、それでいいという感じがあります。それから、環境放射線に関しての情報をわかりやすく説明すること。たとえば、自然界からわれわれは 1 年間に、2.4 ミリシーベルトの放射線受けていることも、できるだけ、わかりやすく伝えていければと思っております。

それから、原子力安全対策の仕組みの再編ですけれども、その辺のところは村長が詳しいと思いますので、お任せします。それから、原子力トラブルというのが、年に数回、常に起きています。その辺の情報を、われわれは理解できるようにしていく必要があると思っております。私共はすべての情報を公開すべきだという考え方をもっていますが、原子力災害の場合には、情報をすべて公開しさえすればそれだけで良いとは言えないと思います。相手がいかに理解してくれるかということが問題で、被曝の程度も含めて、情報の提供だけではなかなか理解してもらえません。住民が合理的に判断できる基準があればいいと思っています。

災害が起きて、心のケアといいますか、茨城県の場合には、医療協定というのを締結することができました。しかし、汚染の扱いに対し、医師自体が線量評価をきちんと理解していないという事例がたくさんあるということが、先週の新聞に記事として載っておりました。治療に用いる放射線の線量評価を医者自体が間違い、患者に強い放射線を照射した事故がありました。なぜ、私がこれを取り上げたかと言いますと、私は JCO 事故の時に、皮膚がおかしいという話を住民から何回も質問を受けたからです。これは JCO の事故とは全く関係がないのですが、被曝ではないでしょうかと尋ねられたのです。

私が JCO 事故の説明のために放射線技師学会に出席した時、医者の中にも放射線治療に対する知識が十分でない人がいることを聞きました。そのような医者が放射線の治療をしていいのかと思いました。

最後になりますけれども、これまでの東海村の取り組みをお話したいと思います。平成 11（1999）年 6 月、JCO 事故前、村の総合計画を作る前に、住民の方々を対象にアンケートをとりました。原子力に対して、かなり良い評価をいただいて、原子力を推進すべしという声が上がりました。しかし、JCO 事故をきっかけに、原子力を推進するというよりは、安全対策ではなく、防災対策をしっかりすべきだと言われました。平成 12（2000）年以降、もう 1 度、住民意識調査をした際には、半数以上が原子力に対し反対でした。

今後、どのように、まちづくりをしていったらいいかということが問われています。アンケート調査の結果にもあるように、東海村は原子力の安全モデル自治体を目指すべきだと私も思っています。一方、原子力事業所は、リスクコミュニケーションに取り組んでおりますが、双方向に情報交換ができるという体制が必要です。

特に、その辺のところを NPO と一緒に活動できたらと思っております。東海村も安全対策ということで、いろいろな方にヒアリングをしています。それから、これらのことを学生の方々にも理解をしていただきたいと思っています。特に、将来、このような道に就職するかもしれない皆さんに、こういう機会を通して理解をしていただければと思います。そういう意味でも、この講座は意義があると思っております。また、学生が多いまちというのは、非常に良いまちだと思っております。できるだけ多くの学生さんに東海村においでいただき、こういう講義を聞いていただきたいと思います。その講義には私共も積極的に関与していきたいなと思っております。

まだまだ言葉足りずで、話すべきことは多いですが、以上で、私の方の話は閉じさせていただきます。

ありがとうございました。

熊沢　ありがとうございました。小野寺さんに拍手をお願いします。

小野寺さん、ありがとうございました。

Ⅰ－2　JCO 臨界事故時の対応

東海村村長　村上　達也

熊沢　次に、「臨界事故時の対応とその後のまちづくり」と題して、東海村村長の村上達也さんにお話をお願いしたいと思います。

先程の小野寺さんのお話で、村長さんを招集したのは12時34分で、その後、帰られて大きな決断をされたわけですけれども、そのご決断は歴史に残るようなご決断だったと思います。その経緯とかまちづくりに関してどのようなお考えをもっておられるか、お話しいただきたいと思います。

それでは、村長さん、よろしくお願い申し上げます。

プロローグ— 1999 年

村上　それでは、今度は私の番ということですか。先程の小野寺君の話を聞いておりましたが、大変素晴らしい講義だったと思っております。小野寺君は、その当時は原子力対策課におりまして、多分、係長だったと思いますが、まさに渦中で先程のあのような苦労をなさったのですが、その後もまた、防災計画の見直し、そして防災訓練への住民の参加、住民避難というものも交えた防災訓練を東海村で単独で実施する、これはJCO臨界事故の翌年、2000（平成12）年にやったわけです。大変苦労して、体は大丈夫かなと思ったくらい寝食を忘れて活躍されたわけで、現在は都市政策課におりますが、相変わらずこのような形で、茨城大学ばかりではなく、他にもいわゆる危機管理とかあるいは防災計画となりますと、小野寺君をという形で引っ張り回されております。大変まとまったよい講義だったと思います。

1999年という年は東海村にとりまして記念すべき年でありました。東海村の歴史にとりましては、まさに画期的な年と言ってもいいかもしれませんが、それはJCO臨界事故が起きる前に実は始まっておりました。

1999 年の 7 月だったと思いますが、地方分権一括法が制定されました。そして、いよいよ地方分権時代の到来ということを我々は意識させられ、東海村で「第四次総合計画」を立てようと、策定委員会の第 1 回の会議が開催された日でありました。そういう中で、JCO 臨界事故が突然勃発したわけで、東海村のこれからのまちづくりをどういうふうにしていくか、東海村の村民がまさに真剣に考えざるを得ない事態に遭遇しました。これら 3 つを合わせますと 1999 年というのは、東海村にとりまして特別な年であったと言えます。

帯刀先生から「JCO 臨界事故というのはどういうものなのか？どういうものだったのか？」という質問が小野寺君にありました。JCO という会社、元々は日本核燃料コンバーションという会社、いわゆるウラン燃料をつくる会社ですが、六フッ化ウランを二酸化ウランに転換する、いわゆるウラン燃料加工会社であります。住友鉱山が 100％出資の会社であります。原子力発電所にて燃料を挿入する場合は、ウラン燃料の集合体という筒に入った立派な燃料ですが、JCO は集合体までは作らずに、ウランの粉末をつくるまでの会社であります。東海村には、その他、ウラン加工会社、核燃料を作る会社としましては、国道 6 号線側に、JCO の他に、三菱原子燃料株式会社があります。また、東の方、緑ヶ丘団地の方に平原工業団地がございまして、そこに原子燃料工業という会社があります。東海村では、燃料 3 社という呼び方をされている 1 つであります。先程、小野寺君からも、事故が起きてからの対応についての話がありましたが、その前の段階として、なぜ臨界が起きたのかということを少し付け加えたいと思います。「その後のまちづくり」ということが私の主題であったわけですが、今まで茨城大学で話をしてきたときには、東海村の歴史と構造とか、村長として目指してきたこととかを話してきましたが、その間、学生は居眠りをして、JCO 臨界事故の話になった途端、頭を上げたという苦い経験がありますので、今日は JCO 臨界事故の話からまいりたいと思います。

青い閃光―釜のフタが開いた

序幕ということから入りたいと思います。「釜のフタが開いた―青い閃光」ということですが、ウランには 235 と 238 という同位体があることは、化学をやっている人ならわかると思いますが、ウランの同位体の中で核分裂を起こす

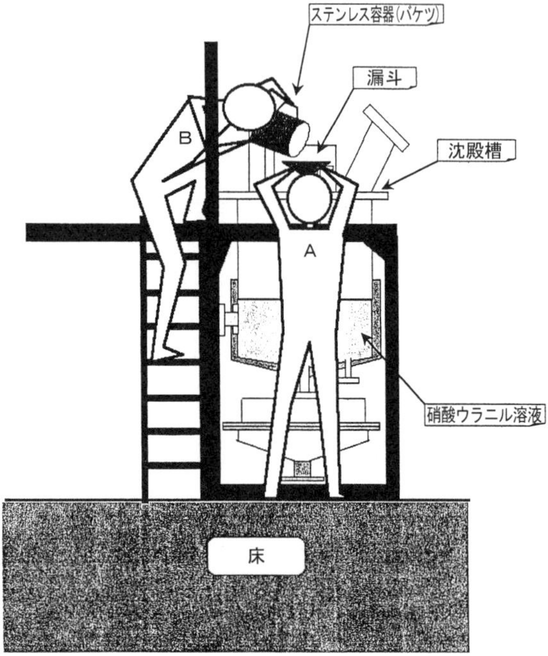

図Ⅰ－2－1　2人の作業状況

出所）茨城県生活環境部原子力安全対策課『核燃料加工施設臨海事故の記録』平成12年9月。

のはウラン235で、ウランの原石の中に入っているウラン235は約0.7%くらいです。それを濃縮して核分裂を起こさせるようにするのが核燃料でして、当日、JCOが作っていたものは、硝酸ウラニル溶液ですが、ウラン粉末を硝酸溶液で溶かしたものを作っていました。その濃度は18.8%、通常の核燃料は3%～5%のところですから、かなり高い濃縮度のウラン燃料を作っていたわけです。高速増殖炉というのがございますが、これは、ウランとプルトニウムの燃料を使って発電するといいますか、核分裂させまして、エネルギーを取り出すというものですが、これは敦賀の方にあります「もんじゅ」が日本で一番大きなものです。それの前の段階、実験用のものが茨城県大洗にありまして、「常陽」といいます。今は日本原子力研究開発機構の施設ですが、そこの「常陽」の燃料を作っていたわけです。そして、その中でなぜ臨界が起きたのかといいますと、臨界防止のため、核的制限値、臨界安全制限値が決められておりますが、それを逸脱した。それを超えて、ウランを1ヵ所に集めてしまった。それで臨界事故が起きたということです。ウランを1ヶ所に集めますと核分裂する。これは自然界でも同じです。

2番目です。JCOの会社は、国道6号の近くにあります。高い建物があり、その下の方に転換試験棟があります。転換試験棟の中の沈殿槽で当時起きたわけです。核的制限値、臨界安全制限値ということが決められていますが、その中に「1バッチ縛り」という言葉があります。1バッチ、これは実際に臨界になる量の約7分の1になる量に制限されているようでございますが、約18.8%の濃縮ウランを使う場合は、1バッチは2.4kgということでありますが、JCOでは1つのバケツで1バッチでしたが、7杯沈殿槽に詰めた途端に、いわゆる「青い閃光」、原子炉の中でチェレンコフ光というもので、臨界がバチッという音と共に起きたということです。ちなみに、1バッチ縛りは、5%未満でいきますと約16kg、それから、10%～12%の濃縮だと約4.7kgですが、約18.8%だと2.4kgに制限されているわけですが、7杯投入したものですから、約16kg以上集めてしまって、臨界に達したわけです。まさに教科書通りに臨界が起きたということです。原因としまして、国の方から認められた工程と違う工程をやっていたわけで、それは、JCOの中でマニュアルがありまして、そのマニュアルでは製造工程をどんどん変えていった。このマニュアルに原因があると言われております。一番右端にあるのが沈澱槽でだるま型をしていますが、実物は今はございませんが、模型は茨城県でやっております原子力科学館にございます。当初認められていましたが、一番端にありますラインであったわけですが、ウラン粉末を硝酸と混ぜて溶解して作り出していたわけですが、生産効率を上げるというか、あるいは作業のしやすさのため、ショートカットされていたわけです。いずれにしましても、質量の制限値を超えたために臨界が起きたということでございます。

修羅場のはじまり

それに対して、どのような状況で我々が対処してきたかということになりますが、小野寺君の話にもありましたように、私は10時半に役場を出ました。

栃木県の鬼怒川温泉、藤原町に向かって、ひたすら西の方に向かっておりました。ちょうど 12 時になりましたので、馬頭のまちへの入り際でしたが、「飯を食っていこう」と蕎麦屋に入りました。その時に、当時の助役でありました萩野谷助役の方から電話が入りまして、「JCO で事故が起きている。臨界事故らしい」と、「えっ？　臨界事故？」という感じで受けたのですが、「臨界など起きるのか？」ということと、「そこの工場で臨界など起きるのか？」という気持ちでした。臨界事故と聞いた以上は戻らなければならない。そして、私は 13 時 30 分に役場に戻りました。その間の話は、先程の小野寺君の話にもあったように、大変な修羅場が始まっていたということです。私の方は、運転手には「慌てるな」と、とにかく慌てずに気持ちも落ち着かせようと参ったのですが、ちょうど額田の十文字に来ましたら、交通遮断だということで、警察官が立っておりました。「東海村には行かれない」と言われ、「おぉ、ここまで来ているのか」と思いましたが、そう言われましても「私は東海村の村長だ」と言い、「災害対策本部長として、行かなければいけない」と言いまして、そこを突破しました。そしたら、もう JCO の上にはヘリコプターが飛んでおり、そして JCO の手前では警察官が立っておりまして、ブロックしておりました。もうその時には、電話が警察官の方に入っておりましたので、そこは黙って通過でき、二軒茶屋も突破できました。

そして、役場の対策本部に入りました。先程の小野寺君の話の通り、役場も人でごったがえしておりました。住民も集まってきておりました。まさに戦場のような中に突入して行ったわけです。その時には、すでに原子力研究所の 3 人の方もいて、いろいろと専門家と共に検討しておりまして、私が座った途端に状況について説明がございました。その時に聞いたのが「バースト」という言葉と「プラトー」という言葉です。その前に、先程話しましたように、第 1 報がすでに 11 時 34 分に入っておりまして、「臨界事故の恐れあり」という言葉があったわけです。そして第 2 報では、γ（ガンマ）線の測定値が示されておりました。私が入った時には第 3 報がすでに届いておりました。第 2 報の 0.84 ミリシーベルトという、非常に高い γ 線が境界線まで届いていることに、実にびっくりいたしました。そして、第 3 報を見ましたら、また 0.78 ミリシーベルトということで、あまり落ちていないのです。

臨界になった時の放射線量がどのように出るかということですが、最初の段階で10時35分、その最初の一瞬になりますが、ドンという高いレベルで放射線が飛び出すということです。その後、通常は飛び散ると臨界は止まるということです。ウラン物質が飛び散れば、分散するので臨界は止まるということですが、これが沈殿槽という密閉された容器の中にありましたので、0.84と0.78という数値を見まして、これはまだ臨界が続いていると判断しました。そして、原子力研究所から派遣されていた人から話を聞きまして、「これは臨界で、中性子線が飛び出している。中性子線は、γ線と比べると10倍から15倍のダメージがある」ということを、すでにその時には知識としてございました。

住民避難決断の経路

そして、専門家が言いますには、中性子線は、コンクリートの壁も、板も通過していくということです。相当強烈です。中性子の特徴としては、2kmくらい飛びまして、熱中性子になり、霧状になるということです。距離の2乗に反比例して衰弱していくことも聞いておりました。そこで、どうしようかということですが、13時30分に戻りまして、このような話を聞いておりましたところに、ちょうど2時頃、JCOの職員が2名飛び込んで参りました。地図を持って「黒い線の範囲内の住民を避難させてくれ！」ときました。13時50何分という話もありますが、私は14時5分頃だと記憶しておりますが、「避難させてくれ！」ということで話を聞いておりまして、避難させるかと思いました。0.84ミリシーベルトのγ線レベルからしても、単純に計算すれば、10時間たてば8.4ミリシーベルトですね。住民避難という場合の防災指針は、被曝線量が50ミリシーベルトを超える場合には避難となっておりますので、その段階までは至らないということで、いろいろ議論がありましたが、中性子線のことを考えれば14時20分頃避難させようと、一旦決断いたしました。しかし、その後またちょっと立ち止りまして、こういう重大な決断を私1人でやっていたことで、これは問題があると。そのためには国や県の方の指示を仰ぐことがベターと考え、国と県に聞いてもらうことにしました。防災指針では、国の指示によって動いて、それからやることになっておりますので、村長には権限がないということです。しかし、そうも言っていられない状況と思いましたが、一応、国・県に問い合わせさせました。国の方はなかなか通じないという報告がありました。県は、屋内待避で十分だという回答でした。そういうことをやっているうちに、もう一度、JCO の 2 人が飛び込んできました。顔色は真っ青です。それで、また「避難させてくれ！」と言います。「JCO の所長からの依頼だ」ということで、それで、だいたい 14 時半頃に周辺住民の避難を決断したわけです。

その時の判断材料として、まず地図が第一点。「この範囲内ならば、我々でもできるな」と思ったのです。47 世帯から 50 世帯くらいでしたので、我々もできる。そして、社員に話を聞きました。「あんたのところの社員はどうしているのか？」と聞きましたら、「全員が避難済みである」ということでした。後で記録を確認しましたら、11 時 8 分に避難済みだったのです。「なんだお前」ということです。「関東軍みたいだな」と思いました。皆さん、関東軍といっても、ご年配の方はわかりますが、中国の関東地方、満州、今の東北地方ですが、昔の満州地方にいた日本軍ですが、1945 年の 8 月 9 日にソ連軍が参戦してくる、その前日に、関東軍の司令部は、住民を置き去りにして避難してしまったということがございました。そこから住民避難の地獄が始まるわけですが、要するに住民は置き去りにして司令部は逃げてしまったということ。「JCO の社員も関東軍のようだな」と言いました。ここで、はっきりいたしました。これは避難させるべきだと。自らが、一番の当事者たちが避難したのだから、これは避難させるべきだと決断いたしました。決断はしたものの、ブルブル震えが来るような心境でした。「こんなことをやったらば、自分はどういう責任を負えるかな？」ということを思いました。その時に、頭にパッと浮かんだのが、「よし、ここで生き残ってやろう！」と、「死中に活」という言葉が頭に浮かんだわけです。「よし、ここで戦いだ！」ということで、気持ちが決まりました。「避難」を指示しました。役場の職員も固唾を呑んで私の方を注目していたんですね。パッと立ち上がったのです。「よしっ、やるぞ！」ということで、すでに萩野谷助役が避難準備をしていたわけです。バスも配置してありました。しかし、次にパニックをどう避けるかという問題が出ました。そこで、その地区の当時の区長さんに来ていただきまして、常会単位で動かそう、しかも、放送や何かはやめまして、職員を派遣して、1 軒 1 軒ドアを叩いて、「避難してくれ！」と職員の乗っていた車で移動させて、バスが止まっているところまで連れて行こうという方針をとったわけです。これは、原子力科学館に行きますと、当時の小川さんという区長さんが、生々しく当時のことを語っておりますので、どうか折りがありましたら、原子力科学館の方も見ていただきたいと思います。事故の経過が詳しく展示されております。

臨界停止作業の開始

そして、輸送班を編成してありましたので、その輸送班の人たちが、中性子線が飛んでいるところに突入していくわけです。54 名を突入させたということです。後々、この突入した人たちには、精神的な負担を負わせてしまったとの悔いがあります。中性子線は、まだ測定されておりませんでしたが、私の記憶では、19 時頃から中性子線の測定数値が出てきたということです。JCO の南側の地点では、4.5 ミリシーベルトという測定が出ました。西側が 4.0 ミリシーベルト。平常の放射線値は、γ 線で 0.0004 ミリシーベルトというレベルが普通でありまして、それが 4.5 ミリシーベルトという数値が出てきましたので、これは恐怖の数値でした。この頃になりますと、国の方も動き出しまして、科学技術庁の担当官が飛んできて、原子力研究所内に対策本部がつくられました。その後も線量が落ちませんので、22 時頃からは、避難区域を拡大しようと検討を始めました。避難地区の半径を測りましたら、350m 区域でした。500m という意識があったのですが、実際は 350m でしたので、これでは足りないということでした。ですから、500m 地点、700m の地点、1000m 地点の測定を依頼して、測定を開始しました。測定した数値としては、十分に低い値でありましたので安心しておりました。

同時に、臨界を止めるため、「これから水抜き作業に入るぞ」という動きもありました。当時、原子力研究所の斎藤さんという方、当時、副理事長だと思いますが、所長さんが参られ、検討しているとの説明を受けていました。その水抜き作業がどうなるか、「失敗したら、まだまだ何十時間も続くのかな？」という心配もありましたので、避難区域を拡大しようと検討を続けていました。午前 2 時 35 分頃から、臨界を止めるため、JCO の突撃隊がその転換試験棟に入り始めました。10 班編成で、1 班の作業時間は 3 分、いや、2 分から 3

分ということで決められたそうですが、入った途端に、γ線の線量計の上限を超え、「ピー」となる状態で、最初に入った方は、最高で 120 ミリシーベルトを浴びてしまったということでした。その後は、1 分から 2 分で交替という形になったわけですが、全体としまして、10 班で 30 人、1 班あたり 3 人、1 人は運転手、2 人が建物内に突入していくのですが、30 人のうち 50 ミリシーベルトを浴びた方は、70%くらいも出たということでしたが、その甲斐もあり、16 時頃からちょっと水が出て、中性子線量が落ちました。「うまくいくかな」と思いました。最終的に 18 時 20 分頃、臨界が停止したという知らせが、私のところに入ってきたわけです。これは万歳ものでした。ホッとしました。一晩、固唾を呑んで見守っていましたので、髭が生えてきた顔をお互いに見合って、ニッコリできたということです。

被曝者 666 人、風評被害の猛威

しかし、それは修羅場の始まりでもありました。この時のことを、「火の玉のとき」といいましょう。役場の職員は二晩、三晩寝ないで、三晩目は寝ないではいられませんでしたが、一晩はもちろん、二晩寝ない職員も沢山おりました。11 月の東海村の広報で、「我々は火の玉になって臨界事故に当たった」と記録しておきたいと思いましたので載せたわけです。その時の言葉が、「火の玉のとき」です。1999 年の「タイム誌」のアジア版ですが、世界のトップニュースとして JCO 臨界事故が報道されました。事後処理につきましては、これまたパニックですね。被曝検査といいますか、それを始めました。東海村では 2 ヶ所でやったのですが、一杯になってしまうのです。東海村の村民だけでも 1 万 4000 人。そして、周辺の人を入れますと、水戸赤十字病院でやりましたが 7 万 5000 人。全体で 7 万 5000 人が不安を抱えて被曝検査に行ったと。ガイガーカウンターで検査をやったわけですが、そのくらいの人が動いたわけです。そして、風評被害については、小野寺君からもありましたが、この風評被害をどうやって止めるか、我々も苦心いたしました。そこで、我々が利用しましたのは、科学技術庁、当時の科学技術庁に対しまして、「その線量をきっちりと表示して、何ミリシーベルト以下は全然問題ないというような数値をきっちり出してくれ」と。そして「これは汚染事故ではなく、チェルノブイリ

事故ではなく、いわゆる放射線事故だ」ということを明確にして、その新聞広告を１面に出してもらおうとしました。朝日新聞は、これとは別に、「汚染事故ではない」ことを早い時期に出してくれていました。

国・県・村に対応のズレ

もう一つは、IAEA（国際原子力機関）の視察団が入ってきましたので、この人たちにも、汚染事故ではないことを強調しました。「死の灰の街　東海村」という週刊誌報道もありましたが、「死の灰が降ったのではなく、いわゆる、放射事故なのだ」ということでのIAEAの中間報告が出ましたので、これを英文のまま村内に配りました。広くそれを知ってもらおうということでやりました。それから、東海村の芋も知ってもらおうと、あちらこちらに出かけて行っては無料配布をしました。なんとか風評被害を消そうとしましたが、結果として、相当な風評被害が出まして、そこで、風評を消すためにも損害賠償をきっちりやろうと、東海村の村長が、賠償団の団長になりましてやりました。よく言われるのですが、「民民の問題で、官が介入することではない」ということで逃げたところもございますが、「いや、そうでない。村民の生活に関わることだ」ということで、私が先頭に立ってやって参りました。その結果が、東海村だけでも1170件・14億円、茨城県は約7000件・150億円弱という位の損害賠償となったわけです。当然ながら、こういう事故が起きた後は、そこに住んでいる人たちの被曝線量を測定しなければなりません。そうでないと後々の問題になります。これは科学技術庁が行ったわけですが、その結果として、死者が２人、大内さんと篠原さんという方ですが、被曝者が666人というような大きな事故になったわけです。現在でも、被曝健康調査は事故の翌年から毎年続けており、県が中心となってやってくれておりますが、約300名弱の方が、今でも健康診断を受けております。東海村でも120名、那珂市では90名から100名の方が健康診断を受けております。県に健康管理委員会が作られて、現在でも継続をしております。

教訓として言えることども

教訓といたしましては、人間というのは、特に日本人というのは器用ですし、頭も良いですので、巨大科学技術は手に入れることはできると思います。しかし、人間というのは過ちを犯す動物だということです。小野寺君も言っておりましたが、いわゆる安全神話というものはないということを明確に教訓として手に入れました。

現場からの距離に比例して危機意識というのは薄れるのです。東海村はなんと 12 時 15 分には対策本部を立てておるのですが、政府の方は、実は我々より早く情報が入っておるのですが、14 時 30 分に科学技術庁が対策本部を立てたということです。茨城県は 16 時になってからです。政府が災害対策本部を立てたのは、15 時か、それよりも後かもしれません。15 時半頃になって、原子力安全委員会の緊急招集が発せられ、最初に会議を始めたのは 18 時半頃、やっと国の方でも会議を始めました。現場からの距離に比例して危機意識が薄れるということは、やむを得ないと思いますが、なんということをしているのかという思いはありました。東海村は、早々 12 時 15 分に立てておりましたので、12 時半には屋内待避を発し、我々は 15 時には避難開始をやっておるわけです。後になって、そういうのはフライングだというケチはつけられましたが、結果としては、国の方の対応、県の方の対応は、非常に遅れたと思っております。

同じことが言えるのは、組織が大きくなればなる程、非常に対応が遅くなります。やむを得ないと言われればやむを得ないですが、軍艦で戦艦と駆逐艦とを比べれば、わからない話ではないかもしれませんが、大きな船が旋回するのは大変時間がかかります。ボートはクルッと方向転換できます。当時、「私は、戦争なんかやっていない。我々は、戦闘をやっているんだ！」と。科学技術庁は「これは安全局だけでは決定できないので、原子力局と相談する」、「科学技術庁だけでは決定できない」、そういうことばかりでありました。局長と話をしているのに、局長がそういう状態だったのであります。その時に私が言った言葉は「戦争はやっていない。戦闘なんだ！」と、「弾丸が飛んできているときに、そういうことはやっていられない！」と言ったわけですが、まさに、縦割り行政だとか、マニュアルに縛られているという感じでした。大きな組織というのは、平常時の体制が緊急時の体制に変わるには、相当な手続き、時間がかかるということを感じさせられました。

それから、信頼を得るためにということですが、信頼の源泉は、やはり、捨て身になって真剣になってやっているという姿勢をマスコミにも見せること。マスコミには「一切隠さないから、ちゃんと報道をしてくれ」と言いました。「マスコミは味方にする」ということが当初から頭の中に浮かびました。マスコミを敵視するというのでは信頼されない。「こういう事態になったならば、みんなきっちり得た情報を話すから、ちゃんと報道してくれ」と言いました。協力を得ようと思いました。それから、よく言われましたのは、あの日は暑い晩でした。暑い日でした。9 月 30 日は暑い日でした。それでも締め切って、家の中でジイッと固唾を呑んで、成り行きを見守っていたんですね。翌朝まで一睡もしないで、子供たちは寝ていたかもしれませんが、子供のことを心配しながら、テレビを見て見守っていたのです。我々の放送も聞いておりました。これだけ聞いておりまして、「我々が安全なのかどうかがわからない」ということでした。危険なことにつきましては、「危険だ、危険だ」と、こちらも一生懸命放送する。でも、「安全です」とは、例えば「500m の地点は安心だ」とは言わないのです。「700m 地点、1000m 地点だったらば安心ですよ」と、「0.000 何ミリシーベルトだ」ということも言えなかったのです。ですから、そのまま放置したままだったのです。「350m 以内は避難した。351m の人はどうなのか」や、「道を隔てているのだけれど大丈夫だろうか」ということの情報伝達がまずかったと思っております。

事故の社会的背景

事故原因と社会的背景に移りますが、小野寺君の方からもありましたように、臨界が起きるということが想定外であった、認識されていなかったということ。もう一つはリストラがありました。あの会社はリストラをやっていました。先程から言いましたが、安全規制とか、経常管理を無視した工程でやられ、1 バッチ縛りというのを逸脱して、7 バッチにしたということです。それから、18.8%の硝酸ウラニル溶液を作ることにつきましては、常時やっている仕事ではなく、不定期で特注品だったということです。1 ロット 4 リットルの容器に 10 本です。それを効率よく作ろうとして、7 バッチまで投入したわけです。これは直接的なものです。

それから、合理化と効率化ですが、当時のJCOの出荷量を調べてみますと、二酸化ウランの粉末の出荷量は、1993（平成5）年は520トンありました。それが、1998（平成10）年には365トンまで落ちております。社員も1993年には169人を超えておりましたが、事故時には110人まで減っておりました。社員教育も徹底されておらず、「会社には事故が起きない」という認識がずっと根づいていたということです。水戸地方裁判所で裁判がありましたが、総務部長の証言は「うちの会社では臨界は起きないという考えであった。臨界についての教育は入社時に少しやるだけ」というような証言をされておりました。臨界を起こすためのウラン燃料を作っておる会社がです。1984（昭和59）年に変更をしたわけですが、その時に一度立ち入りをして、以後15年間も立ち入りをしていなかった。そしてまた、そのような18.8%のウラン燃料を作る工場の建屋が、町工場的な発泡コンクリートの壁でしたし、人家から80mしか離れていないところで、そういうものの製造を許可したということもありました。

こういうことから、原子力と開発に関係する施設が非常に油断している、堕落していることが、何故まかり通ったのだろうかと考えました。その理由の第一は、国策というようなことで、推進に偏し、安全が二の次とされてきたことに最大の問題があったということ。そのために、安全神話というものが植え付けられてきたということです。これは、戦前、昭和の初期に無謀な戦争に突入していったわけですが、昭和初期から敗戦までの歴史を彷彿させる気がいたします。日本の社会では、水戸黄門で印籠を出されますと「ハッハーッ」と、頭を下げてしまうわけでありますが、安全神話というものも、「国策であるぞよ」というと頭を下げる、そういう類のもので、そのような原子力の平和利用の推進というものは、あってはならないわけですが、そういうことがあったと思っております。それから、想定外と仮想事故という言葉がありました。想定外ということですが、核分裂を起こさせるウラン燃料を作っておるわけですから、想定外ということはないのですが、想定外だということでした。私自身も、JCOで臨界事故が起きるなど想定外でしたが、考えてみますと、ウラン燃料ですから臨界を起こすことは当たり前のことで、想定していなければならなかったことです。人間ですから間違いを起こしますから、仮想事故とは科学技術庁の言葉でありますが、原子力施設につきましては事故の想定をしております。しかし、最後の言葉が奇妙な言葉なんです。「すべては仮想事故であるから、具体的な対応は必要ない」というのが結論なんですね。折角そこまで事故のことを想定しておきながら、仮想事故であるから、具体的な対応は必要ないと結論を導き出すことは、何であるかと思いました。

日本人はおかしなところがありますね。優秀だと思っているのでしょう。他所の国で起こっていても、日本では起こらないと思っているのです。他人は死んでも私は死なないと思っているのと同じで、日本では起こらないと。私はこれはおかしな話だと思っております。実は、阪神淡路大震災でも同じことがありました。1995（平成 7）年 1 月 17 日に、阪神淡路で大震災が起きたわけですが、そのちょうど 1 年前、1994（平成 6）年の日付も同じ 1 月 17 日に、ロサンゼルスで地震が起きました。その時に高速道路の橋が落ちています。その時の日本の報道では、日本では高速道路の橋は落ちないと報道されているわけです。日本ではあのような工事はやらない、あのような設計はしないと言っていたわけです。ところが、阪神淡路大震災でも高速道路がひっくり返ったわけです。多くの橋げたも落ちていますし、JCO 事故時に、梶山静六先生が「神州不滅、不敗の皇軍。こんな調子でやっていては困る」ということを言ったのですが、戦争中に、「日本は神州だから不滅であります。日本軍は負けることはない」と。真実は「腐敗の皇軍」でありました。こういう中で原子力開発を進めなければならないことは、私はちょっと悲しいと思っております。

そういう社会でありますから、先程、小野寺君からもありましたが、JCO 臨界事故が起きてから、法改正など一連のことがされたということです。その前に、なぜ、このような対策ができなかったのかと思いますね。法律の不備でした。それから、組織体制もできていませんでした。組織体制としましては、いわゆる安全規制、安全体制ができていない。全体として、安全制御システムを日本人はつくることができていなかったということです。その中で、原子力という巨大なエネルギーを生み出す科学技術をどんどん推進してきました。これは、私は痛切に反省していただきたいと、衆議院議員の科学技術委員会でも、参議院でも参考委員として呼ばれて、話をしてきたところでございます。燃料加工工場での臨界事故というのは、世界的には、原子力開発の初期では相当ありました。アメリカやソ連やイギリスでは度々と言いますか、初期の段階では20件くらい起きていたわけで、我々の所でも当然ながら起きるということを考えなければならなかったということです。

村政の基盤の転換

事故後、最初に取り掛かりましたのは、東海村のイメージをどのように回復するかということでした。小野寺君からも話がありましたとおり、「東海村には行けないのではないか？」と「東海村の人とは付き合うな！」ということなど、私の所に直接電話もありました。名古屋や静岡からも、「東海村を通過できますか？」とか、「東海村に行けますか？」とか電話が入ったと、そのようなことが起きました。その半年後、もっと後かもしれませんが、結婚式がありまして、岐阜県から来ていたお医者さんが、「今、東海村に行けるのですか？」と言うのです。唖然としました。我々はこの内部に住んでおりますから状況はわかっておりますが、危険だという見方は、遠くになればなる程強く思うのですね。東京の人が「東海村は汚染されている！」とか、「東海村の人は被曝をしている！」と思っている人が多く、名古屋に行くと、もっと多く思っている傾向があります。それをどう変えていくか。そのためには、東海村の評価を上げていかなければならない。一番大切なものは「東海村が素晴らしい」ということにしていかなければならないと思いました。恐れたのは、宿痾化ということです。「あそこにはあのような病気があるぞ！」とか、水俣ならば水俣病があり、「あそこの人とは付き合えない」、「水俣を通過するときには窓を閉めろ！」ということを言われ、「水俣＝水俣病＝あの人たちは水銀汚染されている」とか、「震えが止まらない、狂い死にする」とか、そういうイメージが定着することを一番恐れました。特に、350メートル内の人たち、その一定の地域の人たち、「あそこの人とは結婚できないぞ！」とか、「付き合えないぞ！」とか、「あそこの土地は買えない！」とか、そういうふうになることを一番恐れました。「宿痾化の恐怖」、これからどうやって脱却していくかということを思いました。体制国家と市民国家としまして西ドイツにワイツゼッカーという人がいました。有名な大統領ですが、ドイツが、ナチスドイツが破れて敗戦40周年の時に言った彼の言葉で、「過去に目を閉ざす者は、未来に対して盲目となる」という言葉が、有名になりました。それは、岩波ブックレットに『荒野の40年』というのがありますが、その中に出ています。この他にワイツゼッカーが言っておりますのが、「ドイツは体制国家であったが、市民国家になることで、西欧社会に受け入れられた」と言っております。私は、東海村でも日本でも、必要なのはこれだなと思いました。原子力に依存して、東海村は50年発展して参りました。ですから、原子力なしに東海村が存在するわけではございません。しかし、精神的にも、経済的にも、魂までも、依存してはならないと。我々は、原子力に対して発言できなければならないと。モノが言えなきゃならないと。そうでなければ、共存はできないと思いました。そのような考えのきっかけとなったのが、2000（平成12）年5月に開催されました第8回環境自治体会議水俣会議でございました。この集中講座でも、明日、元市長の吉井さんから話がありますが、彼と水俣市の患者、そして水俣市の患者を応援している全国の方々、その人たちの話を聞いて、高貴な精神だなと思いました。

高貴な精神がなければ、まちは成り立たないと思いました。当然ながら金も欲しいが、金だけの面で原子力と付き合ってはならないということをつくづく感じました。吉井元市長さんの話の中でも多分言われると思いますが、チッソという会社、水俣市の中心の会社でありました。チッソからの税収は50%を超えていたということです。チッソの人間が半分ぐらい占めているのが水俣市でした。「チッソで皆働いているから、チッソに文句は言えない」、「チッソはお殿様だから、チッソの出す公害も水俣市は言えないでいた」、「ずっと言えずに長引いた結果が、悲惨ないわゆる水銀公害、水俣病となった」と言っております。

新まちづくり計画―「発展」から「持続」へ

そのような点で、我々は市民国家となって市民社会をつくり、我々が発言できて、原子力と共存していける地域社会をつくっていかなければならないのが、起点です。1999年の当時、3つ目の出来事で、「第四次総合計画」の策定が開始されておりまして、茨城大学の帯刀先生、斎藤先生たちが中心となり、総合計画の策定が準備されておりました。ちょうどJCOの臨界が起きたとき、策定委員が集まっていて、「何を騒いでいるのかな」と思っていたようですが、だんだんと事情がわかってきまして、大変なことになったということになったのです。茨城県では前例のない住民参加、120 人の住民、そして 50 人の役場職員も入り、さらに帯刀先生、斎藤先生のような 18 人の学者のアドバイザーに入ってもらい、つくったのが現在の「第四次総合計画」・「21 世紀プラン」というものであります。この思想の根本は、「人、自然、文化が響き合うまち」です。発展するだとか、豊かになろうとか、そうは言っておりません。人、自然、文化、これは人間が生きていく、社会をつくっていく上の根源的な 3 つ、これを響き合うと言っただけで、何の変哲もないテーマになりますが、「発展、発展」、「成長、成長」、「金、金」というものから、「もっと根本的なところを見据えたまちづくりをしていこう」ということで、つくられたものです。当然ながら、地方分権の時代ですから、いよいよ我々の自立、自治の流れが始まるのかと思いましたが、世の中、日本全体は一つの方向に流れてしまい、合併という中に埋没してしまいました。私は、「合併して大きくなれば、コストダウンもでき、人も減らせて、その結果、自治能力が高まるだろうか？」という疑問がありました。「そうではない、これは、根本の住民自治の能力を高めていくことが必要だ。そうでなければ、地方分権の社会は絶対できない」と思いました。これは間接的には JCO 臨界事故の影響です。住民自治体制ですが、区長制度、行政の末端組織と言われた地域組織を自治組織に切り換えようと、平成 18（2006）年 4 月から自治会制度に切り換えました。自治会制度はさらに発展させて、学校区ごとの地域自治組織にしていこうと思っております。それには、当然のこと、組織としての権限と財源をもってもらおうと思っております。そして、先程も述べましたが、東海村の評価を高めようとやってきましたのが、行政の 4 本柱として、福祉・環境・教育・農業ということで立てました。「茨城県下一の福祉のまち」という言葉も訴えました。「日本一」と述べたいのですが、はるか彼方のような気がしましたので、非常に遠慮しまして、「県下一」としました。福祉においては、日本は高度成長をしながら福祉国家になりきれなかったということがありますが、スウェーデン・デンマークなどを見習いながら、東海村だけは福祉のまちにしていこうとやってきました。それから、環境都市は、水俣市に見習いまして循環型社会の形成を目指し、次から次へと環境政策を立ち上げてきました。役場自体も2004（平成16）年にISO 14001（国際標準化機構（ISO）が設定した環境マネジメント・システムに関する国際規格の総称。有害物質による環境負荷の低減。有益な環境影響の増大を目標とし、組織の自由的な改善を行うための基準。）をとりまして、すでに炭酸ガスを10％以上減らしました。年間250トンくらい減らしてきています。東海村の教育という面では、JCO臨界事故の直後にやったのは、複数教員による授業ということで、19人くらい増やしました。それから、全校で外国人による英語教育をやろうと、全校一斉にやりました。その後になりますが、図書館司書も全校に配置もやりまして、東海村では子育てがしやすいと評価されるような地域社会をつくろうとやってきました。今まだまだ遅れているのが、地域農業の確立でありますが、日本農業は瀕死の状態でありますので、東海村では、農業という人間の生きる根本のものを大事にしようと、そういう形で、回りくどいけれども、東海村の評価を上げていこうということです。

人類にとっての原子力

そのような中、J-PARCという、願ってもいないものが東海村に舞い込んできました。JCO臨界事故の前に話があったわけですが、大強度陽子加速器、その全部の頭文字をとりまして、J-PARC、それは世界最先端、世界最大規模の加速器で、陽子を光の速度で原子核にぶつけ、そこから出てくる中性子を利用し科学研究に利用しましょうというものです。そして、世界最先端の共同施設としてやって参りますので、世界中から、日本中から科学者が研究のために、学生も勉強のために集まってくる。そこで、我々は「高度科学研究文化都市構想」を2005（平成17）年3月に策定いたしました。これは、茨城大学の斎藤義則先生が中心となってまとめてもらったものです。21世紀科学研究の最先端施設で、原子力科学から発展してきた究極の科学研究だと思いますが、粒子線科学だとか、量子科学という分野になりますが、そのような施設ができる、これを基礎に今後東海村でつくって行こうと。「第2の夜明け」としますが、第1の夜明けは、原子力研究所が東海村に作られた時、それを発展させて第2の夜明けにもってきた。1次方程式から2次方程式の世界とも言っております。今までの1次方程式等はお金です。施設を呼べば金になるという、経済的な側面ばかり言ってきました。今度は 2 次方程式で金にはなりません。直接、税金は入らないのです。しかし、そこで生み出されてくる知的なもの、知的生産、知的価値に、我々は期待していこうと。これから 21 世紀は、知的集積だとか言われますが、そういうものを東海村にもってこようとしています。今まで原子力と言うと、エネルギーが中心になりましたが、エネルギーばかりではなく、そこから生み出されるもの、事柄、それを契機として、我々自身がまちづくりの主人公になっていこうということです。城山三郎さんが、『粗にして野だが卑ではない』という小説を書いておるのですが、城山三郎さんを皆さんは読まないでしょうね。読まないとは思うけれども、人物評伝を読みやすく書いております。一度読んでみてください。石田礼助さんの評伝は、『粗にして野だが卑ではない』です。その言い方をまねて言えば、原子力は否定はしないが依存はしない。村民としての魂はもって、原子力は人類の科学的評価として、それは我々としては受け入れる。そして、50 年の歴史は評価する。

今、日本は大変不安の時代でございます。何でも「安全、安心」と言います。原子力についても、「安全、安心」と言いますがね……。犯罪、災害、そういうものにばかりにビクついておりますが、そればかりではない。我々は失うことを恐れているのです。それだけ豊かになってきた。しかし、経済的な豊かさを心の豊かさに転換していない。経済的な成長の恩恵を真の豊かさにできていない。これが私は不安だと思い、不安の時代と言っています。東海村としては、村としての「品」を大事にしたい。金ではなく。「国家の品格」とか、「女性の品格」とか、言葉はあまり好きではないのですが、しかし、やはり「品」というものが大事な時代になってきたのではないかと思います。これができるのは東海村だと思うのです。3 万 6500 人しかいません。しかし、その中には、世界的な方や優秀な方までも含んでおります。そういう人たちの力と、我々の力というものを発揮すれば、素晴らしい東海村になると思っております。

そして、我々は日本国憲法の精神を大事にしたい。若い皆さんもおられますので、憲法をよく読んでみてください。ヨーロッパの人たちは必ず、例えば「ドイツ基本法では」、或いは「デンマーク基本法では」などという話から始めますが、私たちもそうでありたい。日本の憲法も素晴らしいものです。米軍、アメリカから押し付けられたという人もいますが、9 条の戦争放棄、軍備をもたないことも素晴らしいと思いますが、11 条の人権尊重、これも素晴らしい、13 条の個人の尊厳を大事にする、これもいい。「個人」ですよ、集団ではなく個人の尊厳、どのような人でも、ちゃんと人間らしく生きられる社会をつくろうとしているのです。それが憲法なのです。25 条では、「すべての国民は、健康で文化的な生活を保障される」となっています。こんな素晴らしい憲法だとは、私は安倍さんのおかげで知ることができました。

エピローグ

最後に、自分で考えた言葉ですが、原子力科学は、原子核に手を突っ込んで、人間が生み出した科学技術であります。そこから生まれてくる問題は自然の治癒力に期待はできない。人間でしか解決ができないものである。つまり、原子力は人間に始まり、人間に終わる科学技術である。しかし、人間は神ではない。過ちを犯す動物です。従って、原子力を利用する以上は、世界的制御システムを整備しなければならないと思っています。それがいまだ整備されていない。そのことを原子力発祥の地としての、JCO 臨界事故も経験した原子力のまちの村長として、最後にこのことを言って終わりといたします。

長時間のご清聴、ありがとうございました。

熊沢　ありがとうございました。

非常にわかりやすく、大変内容の深いお話をありがとうございました。

Ⅰ－3　公開討論

茨城大学人文学部 教授　帯刀　治
茨城大学工学部 准教授　熊沢　紀之
東海村長　村上　達也
東海村建設水道部都市政策課 副参事　小野寺　節雄

熊沢　それでは、今から、公開討論を始めます。

帯刀　公開討論ということで、少し長丁場ですが、おつき合いいただきます。午前中、熊沢先生にオリエンテーションをしていただき、午後に入って、小野寺さんと村上村長の講義を聞きました。学生さんも教養総合科目の授業ですし、市民の方にも、あるいは原子力の関係機関の方にも、まずは聞き漏らされたところ、確認をしたいところを、先に質問いただきます。

それについてお答えをいただいた上で、この公開授業のテーマであります「原子力施設と地域社会」ということで、地域社会と言っても主に東海村ですが、これまでの取り組みについて、あるいはこれらの問題なり課題に関して、ご参加の皆様のご意見を賜って、3人の方と意見交換してもらいたいと思います。市民の皆さんも、是非、積極的に参加していただきたいと思います。

それでは、最初に、熊沢先生、小野寺さん、村上さんのお話について、お問い合わせの事について何かありましたらお願いします。少しお聞きしたいとか、教えていただきたいということについて、積極的にご質問・ご発言をお願いいたします。特に、学生さんの皆さんには、できるだけ多くの質問・発言をお願いします。

はい、どうぞ。お願いします。

質問1　小野寺さんのところで、その後の住民報告で放射性物質が漏れたとお聞きしたのですが、この事故で中性子やガンマ線の放射線が漏れたのか、それとも、放射性物質そのものが漏れたのかという辺りをお聞きしたいのですが。

小野寺　では、よろしいですか。ご質問ありがとうございます。

私の方も、細かく説明していなかったところがありますので、そこの部分だと思います。

第1報が入ってきたのが、11時34分ということで、これは事故がありましたということでした。第2報が12時近くに入ってきました。その中で、初めて、0.84ミリシーベルトという数字が上がってきました。これはあくまでも核分裂してガンマ線がそこに散ったというか、建屋から出た中性子線の測定値ではありませんので、ガンマ線量ということで、0.84シーベルトと言うことになります。それから、中性子線が、再臨界があったと村長からも話がありましたけれども、中性子線を測定し始めたのが、しばらくたって、夜になってからなんです。夜の7時頃から、数値が下りないということで、もしかしたらということで、再臨界が起きているのではということで、そこまで、分かり得なかったということでして、ひょっとすると、中性子線が核分裂を起こして、中性子線が飛び散ると、0.84という数値が、はるかに高い数値が測定できたのではないかなあと思っています。それが、中性子線が測定できたのが、夜7時頃なのです、ということでよろしいでしょうか。

質問1　ありがとうございます。

あと、そうなりますと、放射性物質が直接漏れたのではないと気づいたのは、どういうことですか。放射性物質とは、線量のことではなくて、元素として放射性を含むものがあると思うのですが……。

小野寺　それは希ガスといいます。失礼ですが、希ガスですよ。希ガス的なものは、フィルターの中から外に出てしまいます。フィルターでは放射性物質は抑えるのですが、ガスなものですから、隙間から出てしまうのです。普通ですと、物質が飛び散るということになるのですが、そういう事態があったということです。

(編集者注) 臨界事故によって、核分裂生成物である希ガスなどの気体状の放射性物質が外部に放出されたと考えられます。しかし、この事故の場合は、中性子線などの放射線による被害が主だとされています。

質問 1　そうなりますと、屋内待避というのは、意味を成さないのではないかなあと思ったのですが、そのことを聞きたいのです。

(編集者注) 臨界事故の際には、JCO 周辺は避難、それより外側の 10km 圏は屋内待避という処置がとられました。質問者の真意は、JCO 周辺では屋内待避では、中性子線の被曝は避けられないのではないかという意味だと思います。

小野寺　はい、分かりました。先程、村長が説明したように、もしかしたら被曝された、あるいはこういう状況のやり方でいいのか、ということで戸惑ったというお話が出てきましたけれども、まさにその通りで、線量評価から言えば、物質が出ていない状況の中から言えば、屋内待避でもよかったという考え方も、当然あるかと思います。

(編集者注) 小野寺氏の回答は、10km 圏で行われた屋内待避に関しての回答です。質問者の意図する中性子線に被曝するような地域での屋内待避は有効かという疑問に対しては十分な回答とはなっていません。

村上　いや、今の質問は反対で、屋内待避はどうだったのか、ダメだったのではないかということが聞きたいらしいですよ。だから、少し私から話します。

最初の段階では、いわゆるバーストが起きていて、臨界が起きて、核分裂物質の中から希ガスというものが飛び出したということ。これで空間線量は上がったのです。だから、全く放射性物質が外に出なかったのかというと、そうは、そもそも言えないところがあるのです。だから、少し離れたところでは、高い線量が出ましたし、舟石川では普通の 20 倍以上の空間線量が測定されたということです。そのことを考えれば、屋内待避というものもあるといえます。しかし、屋内待避よりは、実際には、放射性物質が外に出たというより、もっと強烈だったのは、中性子線が飛び出していること。ですから、それに対しては、屋内待避よりは、やはり逃げることだと、現場より離れることだと言うことで避難ということにした訳です。それは、距離の二乗に比例して減衰するということですから、遠くに行けば行く程、中性子線と被曝線量というのは、かなり落ちるということです。その中性子線だけだとすれば、屋内待避はあまり意味がないということになります。そこに居れば居る程、壁をぶち破って入って来ますから、避けようがないということです。本当は、屋内待避は、その近辺はまずいということになります。

（編集者注） 村役場は、中性子線に被曝する事故現場から半径 350m 以内の住民へは避難を要請し、役場職員が車を待機させて戸別に訪問し、さらに要援護者の補助もおこない、避難を円滑に行ったとのことです。また、県の判断で、放出された放射性物質により被曝の可能性のある 10km 以内の住民への屋内退避の呼びかけもテレビを通じて行われました。臨界事故では、避難と屋内待避という二つの対応がとられたことを付記します。

質問 1　よく分かりました。ありがとうございました。

帯刀　よろしいですか。なかなか良い質問だと思います。他に何かありますか。どうぞ。

質問 2　東海村の住民の方々の原子力や被曝などについての知識は事故後に変化しましたか。

小野寺　これは、確かめようがないというか、そういえばそうかなという感じで、あまりはっきり言えないのですが、JCO 事故後、あるいは事故前どうだったのかと説明しますと、実は、茨城県と村と一緒になって防災訓練をやっていたのが、10 年に 1 回なのです。したがって、防災教育というのは、徹底されていたかというと、それはできていなかったと。ところが、JCO 事故を経験して、村単独で防災訓練をやる、あるいは防災訓練を毎年やりながら、防災の知識というものを普及するという。さらには原子力の被害のリスク評価をしながら、NPOさんの活動をしながら、広報誌に出しているというのが、あくまでもJCO事故後です。それが、どの位の幅で理解されていて、対応しているかということに対して、私共はあまり把握しきれていないのではないかと思うのですが、比較的、意見を聴取したときに、極端におかしな意見というのは出てきていませんので、そういう意味から考えると、かなり浸透はしてきているのかなと思います。これは毎年、積み重ねていくしかないと思っています。

質問2　ありがとうございました。

帯刀　住民に原子力ついてのアンケート調査というのは、村でなさったりしたのでしょうか。

小野寺　アンケートはかなりやりました。事故後まもなく、ヒアリングを含めて、住民と接触しながら、まとめていったことがありました。さらに、それ以後も原子力関係者も入って、いろいろ意見も出てきましたけれども、それは事故前の意見とかなり変わってきていましてね。事故後の意見には、危険だろうということが直接言えるようになったということがあります。では、どの程度かということは、これからの問題ですが、関係機関を含めてやっていきたいと思っています。

村上　少し、付け加えますね。

目立つところは、東海村の防災の最終目的というところが、「正しく恐れろ」なんですね。むやみに、やたらに、恐れるなということです。いわゆる原子力については、危険性はあるということです。でも、それに対して、非科学的といいますか、むやみに、やたらに、放射線を恐れる必要はないということで、その点でも、正しい知識をもってもらおうと、自分で最終的には判断できるようなレベルにもっていきたいというのが最終目標です。小学校でも、そういう教育を始めておりますし、防災訓練の度にそういうことも言っていますし、多分、何ミリシーベルトというようなことについては、東海村の村民はほとんど、科学的なところはともかくとして、一つの単位として、何ミリメートルとか、何グラムと同じくらいのレベルで、何ミリシーベルトも、どの程度であれば大丈夫か、大丈夫ではないかが、ある程度の事は分かってきているのではないかと思うのです。

帯刀　市民の方で、何か、この件に関して、確かに意識が変わったということについて、発言していただけることはありませんでしょうか。

市民1　私、NPOの中で原子力に関わる活動をやっている者ですけれども、このNPO（Cキューブ）が結成されましたのは、JCO事故を契機にして、原子力のことをもう少し知りたいというような、一般の方々を集めまして、いろいろ活動をしています。最近は、活動の中で、メンバーから出てきます意見の中に「今まで原子力のことは、全く分からなくて恐れていた」と村長さんがおっしゃいましたように、分からなくて恐れるというレベルであったというような話もありましたけれども、それが、活動を通じて、だいたい原子力について分かってきたと、放射線と放射能の違いやシーベルトについて分かってきて、危険であるということは分かっているけれども、恐ろしいということは、かなり緩和されたというような話が出ております。そういう意味で、事故前と事故後の意識が変わっていると思っています。

帯刀　どうもありがとうございます。その他、ご質問やご意見、何かありますでしょうか。

質問3　小野寺さんの講義についての質問ですけど、「確率論的安全評価」と「確率論的リスク評価」という考え方の項目で、自分たちの班で疑問が出たのですけれども、深く説明されなかったので、ちょっと分からないなと思って。自分たちの班の結論が、「確率的安全評価は、確率なので、99%あるとしたら、99%の確率で安全ですよということで、リスク評価というのは、1%の確率でリスクがあります」という感じで考えたのですが、その辺は合っているのでしょうか。

小野寺　ここを聞かれるというのは、私は苦しいのですが、これは私自身も専門家ではありませんから、素人考えですけども、安全を考えるときに、非常に、これをすれば、こういう安全が確保されるというような、一つの証拠としての安全評価、一方では、(これは、私の考えですよ) その中でも、リスクがあるだろうというふうに捉えて、それでもリスクがあるだろうという考え方は、向かっている方向性が若干違っているのではないか、ということに疑問を発したのです。ところが、この話をつき詰めていきますと、実は、やり方や考え方は同じなのだというところに、まさに、その考え方が、今、採用している日本の考え方、アメリカは、むしろ、リスク評価、リスクのために、どう対応するかというところが、アメリカの考え方であって、評価の仕方なのかなと思っております。時間が足りなくて、私もそこまで追求していないのですが、会場におられる、そこにおられる専門の方が答えていただければと思っています。

帯刀　ありがとうございます。ご指名ですから、どなたかご専門の方にお願いします。

会場の方 1　専門ではないのですが、指名ですので。科学的には、確率ですので、確率で考えればいい訳で、安全評価、最近は「確率論的評価」が世界に広がってきています。日本の場合、今まで、100%安全だったと言っていた訳で、最近は、そうでないということが分かってきて、統計的な手法で処理しているのです。そのリスクをどんどん減らしていくということが求められていて、飛行機やロケット打ち上げはそうなのです。飛行機の事故も、今、100 万分の 1 で達成されているということになっています。だから、安全とリスクというのは、裏腹のものとは思っていません。

帯刀　では、今の学生の 99%の安全と 1%のリスクがあるということは、よろしいですか。そういう理解で結構ですか。

会場の方 1　原子力でそうかと言われると専門ではないのですが、考え方的にはそれでいいのではないかなと思います。

帯刀　質問者の学生の方、いいですか。

質問3　ありがとうございました。まだ続くのですが、いいですか。同じ事なのですが、99%安全ということよりも、1%リスクがありますと言った方が、買う側としても、そういうことなのかなと思えるのですけども、99%安心と言われると、「残りの1%は？」と思います。私は、売る側の方の低位の部分を換算してしまうので、リスク評価の方に重点を置いた方がいいと思うのですが、リスク評価も1%のリスクがあるからどうするではなくて、事故が起こった時に、どのように対応するのかという、さっき、小野寺さんはリスクを減らすために使っているとおっしゃっていたのですが、リスクは絶対にゼロにはならないじゃないですか。だから、リスクが起こった時に、どうやって危機を解決するかということまでを含めて評価をした方がいいと思います。ここでの確率論的リスク評価というのは、そこまで含めたリスク評価なのかなと思いました。

小野寺　リスクを含めた評価というのではないのですが、考え方は、このように分けたらいいのかなと思います。安全対策は、安全対策でしていくという一方で、二つに分かれると思います。一方で、1%のリスクに対して、どうするかということです。これは、防災対策だと思うのです。商品に例えるならば、多少、不具合があるのだけれども、機能としては十分に可能だということがあるから、その数パーセントのリスクというのは、消えてしまうと思うのです。ただ、一方では、そのあたりが含まれていますけれども、それは合理的な判断を、そこにしなければなりません。我々が求めるのは、安全対策と防災対策というのは、両方、両輪の下で対応していくということが、事故をきっかけに、そうせざるを得ないといいますか、そうすべきだということで、常に、そういう考えになっているはずです。それと、合わせて判断するときに、合理的に、この位は危険だということを、我々も判断していくということが必要じゃないか、ということがあります。商品の場合には、これ位のリスクがありますということをコミュニケーションの中で、それを提示できるかどうかということになると思うのです。それを今の社会がきちんと整理されているかというと、そうではないだろうと。その点から言うと、リスクコミュニケーションという、単なるコミュニケーションではなくて、リスクを含めたコミュニケーションができるということを、社会風土として続けなければいけないのだというふうに思っています。

質問 3　はい、分かりました。ありがとうございました。

帯刀　この点に関して、その他のご発言はありませんか。

会場の方 2　事業者です。今の話に関連して、私の見解だけれども、100 万分の 1 ですか。その時のご質問は、それが起きた時に、どのくらいまで対象を考えているかということでした。具体的には、例えば、臨界が起きた場合とか、いろいろなシナリオを考えて、ここから、先の問題ですけど、投資効果みたいなものがあって、原子力はまだ明確になっていないけれども、例えば、新しいものを作る以上の安全の懸念があるといった場合、その技術をやりますかという話です。リスクをやりますかということです。いわゆる、保険できるところが必要だと思うのですけど、そこまで明確になっているかというと、実は、そこまで明確になっていません。特に、今回の場合、燃料サイクルという燃料を作る方ですので、世の中にある原子力の中では、その辺のところが定義されてきて、新しい作業場の原子炉を作った方がいいかということについて、100 万分の 1 を保証するパーツの保証ですとか、原子力は 40 年から 50 年動いていますので、危険なものの安全評価をやりなさいということで安全委員会は言っていますし、事業所もその辺についてやっています。1%や 99%というレベルではありませんで、100 万分の 1 というレベルでして、ずっと長い間に、1 回起こるようなことで、そのことをどう捉えたら良いかということがありまして、いつ起こるか分からないということになってくると、基本的には、よく分からないということになっているので、今後とも考えたいと思います。

帯刀　ありがとうございました。ご発言いただいた横溝さんを皆さんに紹介してもいいですか。横溝さんは独立行政法人日本原子力研究開発機構、いわゆる原研の東海研究開発センター長のお立場でございます。そのお立場から、このような話をしていただきました。
他に質問どうですか。

質問４　村上村長に質問です。JCOの違法マニュアルがあったから、臨界事故が起こったと思うのですが、その会社に関する監視機関とかはなかったのでしょうか。

村上　もちろん、監視機関はあった訳です。その当時でいえば、前の科学技術庁というのがありましたから。現在では安全保安院ということになりますね。それが、当然ながら、監視機関といたしましては、最初に設定上の許可を出したものが守られているのだろうということで、チェックをしていなかったということになろうかと思いますが、いわゆる原子力を進めるアクセルは強い。先程の話をしましたが、「GO！ GO！ GO！」というアクセルは強いけれども、それに対してのブレーキ機能が弱かったのではないかと。いわゆる体制整備もできないということで、JCOの臨界事故の後、安全保安院ができて、安全委員会というのも、その当時、事故が起きた当時は、5人の安全委員の皆さんと、そしてスタッフは科学技術庁から派遣されていて、18人の職員しかいなかったと。しかも、科学技術庁に籍を置いていたという。現在は、JCOの臨界事故が起きてからは、それが内閣府の方に移されまして、スタッフも独自に100人抱えるというような状況になった訳です。
　ですから、そういう点では、規制機関というのが非常に弱いという、日本の社会はどこでもそうなのです。厚生労働省にしたって、農林水産省にしたって、薬害エイズなどの問題がありますが、ああいうのも、結局、チェックするという機関が非常に弱いというのが、日本の社会にあるような気がします。私は、昔、銀行にいましたが、銀行がバブルを演出したり、破産したり、銀行に対して国家からの援助をしたりと、そこまで行ってしまったのは、金融検査というものが弱いということ。

では、今の体制で十分かというと、私は十分ではないと思います。それは、安全保安院というのは、原子力の安全をチェックしているのです。日本のエネルギーの大元締めにあるということで、体制的にも不十分。アメリカはきっちりと分かれているのです。原子力規制委員会というのは、きっちりと分かれているのです。3,000 名程の職員がいて、技術的な基準も自慢できる体制を踏んでおりますし、そして権限も許認可権ももっているし、あるいは何かあれば、それを停止するというような権限まであるという機関をもっている。他所の国は大体そのようになっております。IAEA からも、「日本の規制機関というのをきっちりと整備しろ」という勧告も出ているということなんですが、日本という国はなかなか規制や監視が充実しません。日本人はあまりこういった言葉が好きではないというふうに私は思っています。アメリカや西欧並の社会をつくっていきたいなと思っています。

質問 5　国がやらないのだったら、村が監視の機関を作ってやっているということを住民の皆さんに知らせないと納得しないと思うんですが。

村上　全く、その通りです。当然ながら、我々にも全く責任はないのかと言われると、そういう面では責任はあるのだと思いますね。そこまで、チェックというか、自分たちで技術的なチェックができなければ、人にお願いしてもいいのだからということもありますからね。東海村の役場の職員だけで、できる人が 1 人もいませんが、その後は、東海村といたしましても専門家を雇って、茨城県からも駐在の専門家を雇って、東海村に派遣をするというようなことができましたけど、少しは前進していますが、茨城県も東海村も、まだまだそれだけの能力も権限もない。

東海村で JCO 臨界事故の後にもう一つ設置したのは、原子力安全懇談会です。東海村に住んでいる人たちで、技術的に知識がある方で、日立製作所の OB や町工場の人たちとか、あるいは主婦の方とかが入って、自分たちの村にある原子力施設を見て回ったりする組織をつくりましたし、先程、C キューブの方の佐藤さんという方がお話ししましたけど、佐藤さんにも入っていただいております。C キューブという NPO 法人もできましたので、NPO の皆さんに、他にもそういう面でも協力いただいているということです。まだまだ足りませんが、その辺の面をちゃんとしていこうと思っています。ありがとうございます。

帯刀　大分、積極的なご意見をいただいていますが、その他ありますか。

質問6　現在の小中高における情報伝達体制や教育は、学校はテレビも見られないし、マスコミの情報もありませんし、伝達情報というのは、先生が握っている訳ですけど、事故当時、私は中学3年生だったのですけど、全く事故の内容は知らされずに、しばらく屋内待避ということで、その後、家に帰るということになったのです。ちょうど3時くらいに、家に帰ったら、雨で、放射能物質が空中にあった場合は、雨から放射能物質を浴びてしまっている訳で、今回は大丈夫だったけれども、母親には心配されて、迎えに行ったのにと言われたので。元々、何も知らなかったから帰ってしまった訳で、小学生でも、教育で知識があれば何らかの対策ができる訳で、事故後、そういう対策がなされているかどうかということを知りたかったのです。

村上　おっしゃる通りで、本当に心配をかけました。ある場所では、防災放送もなかったという状態なのです。例えば、ジャスコ（ショッピング・センター）にもない、コミセン（コミュニティ・センター）にもない、学校にもないというような状態であったということは全くの手落ちです。各家庭には配置しましたが、全くできていなかったということは、全くの手落ちでした。そして、テレビもないと、テレビというか、防災情報を伝達するものがなかったです。先生だけに言っては、子どもたちは何が起きているか分からないのです。体育館に閉じ込められて、暑い中で締め切って、余計暑い中で、そういうことであったと聞いております。そして、3時過ぎに、早く学校から家庭に帰そうかということで始まったというのは、常磐線から東側は問題がなかろうということで、お父さんやお母さん達からも、どうなっているんだということで、問いかけもあったものですから。そちらには流れないということで、解散させようとしました。そしたら途端に雨が降ってきたのです。これはまずいなと思いました。ヒロシマの「黒い雨」の話がありますからね。雨が降ってくると、放射性物質が落ちるということはありますからね。学校の子どもたちに対しての対応が確定していなかったということになります。その後、そういう不備は、改善してきている訳ですが、子どもたちにも放射線や放射能に対する教育はしています。理解されているかということは分かりませんが、やってはいます。もっと研究し、工夫していかなければならないと思います。大変いい話をいただきまして、ご心配をおかけしました。すみません。ありがとうございました。

帯刀　NPO 法人の C キューブでは、何か取り組みはないのでしょうか。

C キューブの方　学校に関しましては、特にしておりません。

村上　原子力対策課の課長補佐がいますので、一言、話してください。

原子力対策課課長補佐　はい。では少しだけ。学校に関しては学期ごとにやっていまして、9 月には、原子力を踏まえた防災訓練をやりました。その時、当然、放射能や放射線についても、子どもたちに分かりやすいような説明をしてやりましたと学校の先生がおっしゃっていました。たまたま、今年 2 月 20 日、東海南中学校の中学 2 年生を対象にして、原子力事業者の皆さん方々のご協力をいただいて、2 時間程、事業所のグループを 5 ブース作っていただいて、J-PARC センターや保安院さんなどのグループを作っていただいて、2 時間分体験していただくようなことも、村の原子力対策課と教育委員会とが対応してやるということであります。それと、平成 17（2005）年度には、小学生向けに学習ソフトを学校に配布しております。私は今年 1 年目なものですから、あまり大した話はできないのですが、平成 20（2008）年度には、東海駅に待合室ができまして、その待合室に、村の原子力対策課でもっています情報システムの配信をしていけるように、今、準備をしています。子どもさんたちにもそうですけれども、何かあったときには、東海駅にも来ると、何か情報が入るようなシステムを作っていけるように準備をしています。総務省から防災無線の許可をいただいております。学校の方にも防災無線を置き、会話ができるようなシステムを考えております。

熊沢　私は、明日講義がありまして、皆様にお示しできると思いますが、原子力防災マニュアルのビデオというものを学生が作ったのです。いろいろな所のマニュアルを参考にして作ったのですけれど、明日お見せしますけれども、その時にアメリカのマニュアルでは、学校に迎えに行くなというのです。学校にむやみに迎えに行って、交通事故を起こしたりしては、かえってダメだということです。それらに基づいてマニュアルを作ったのですが、大事なことは学校の先生方とPTAとの話し合いです。学校の先生側とPTA側が、どういうふうにしたらいいかということをきちんと話し合う機会を、村の方で設けられたらいいと思うのです。そしたら、少ない車で迎えに行くならば、それを当番制にしたりとか、話し合いで作るということが大事だと思うのです。ハードウェアも大事ですが、ハードウェアよりもやっぱり人だと思うので、まず、事故が起こったときの対応を話し合うことからでも始められれば、さらに安全になると思うので、よろしくお願いいたします。

帯刀　どうしたらいいかというところまで話が進んできていますが、他に何かございますか。

市民2　参考になるか分かりませんが、JCO臨界事故の時、舟石川小学校のPTA会長をしておりました。一番最初に電話がかかってきたのが、私のところです。私は東海事業所から行きまして、「帰る」「帰らない」をPTA会長と学校側でやりました。舟石川小学校では、臨界であるということを誤報か正報かが分からなかったので、ある地域以外は帰しませんでした。それから、大体300～500メートル圏内の子供は、夕方まで帰さないというような方策をとりました。

帯刀　では、舟石川小学校では、学校の先生方とPTAの親御さんで対策を取ったということですか。

市民 2　あの当時は、私が思い浮かべますと、村の教育委員長の清水さんです。清水さんの動きが非常に機敏だったのです。私のところに来て、どうしたらいいかということで、先生では分からないということで、ですから、私は事業所から帰ったということを覚えています。それで、先生方と話して、私も原子力の専門ではないのですけど、部下に専門の方を抱えていましたので、部下と電話で臨界ということはどういうことか、などを話し合いました。どこからも、指示や避難命令はなかったのですけれども、帰さないということに決めさせていただきました。ですから、自治体の中に原子力対策課などがございますから、学校に 1 人でも飛んでいったらいかがでしょうか。学校の先生も他の地域からも入ってきますので、分からない先生方も多いのです。必ずしも原子力に明るい先生ばかりではございません。先生にばかり負担をかけるということは難しいかと思います。やはり、自治体が対応するべきではないかと私は思います。

帯刀　そうした点についてご検討いただいたり、教育委員会と手分けをして担当を決めていただくということが、今後の対応になるかもしれませんね。
少し東海村が良くなってきた気がしますけれども、いかがでしょうか。

質問 7　自分は村民ですけれど、村長にばかり聴いていて、少し空気を変えたいなと思ったので発言します。まず、福井県のナトリウム漏れ事故だとか、再処理施設のアスファルト事故で、当然、際立ったのが JCO の臨界事故、こういうことで、東海村が先立って一番良く広報やこのようなコミュニケーションの場とか、いわゆる環境の設備をよくやっていると思うので、僕たちとしては、非常に良いと思っています。ここまでしてくださっている人たちですとか、原子力関連の人たちにとって、むしろ我々村民の方や学生、あるいは国や県に求めているものは、何なのかというのが、正直あるので、今日は錚々たるメンバーがいらっしゃるので、その辺りの意見を聞かせていただけるとありがたいのですが。

村上　国の方からの問題提起というのは実際のところ多いのです。それに対して、こちら側から条件をつけている合意点を見出そうということで、あくまでも、我々の方の立場と住民の安全を守ろうという観点から話し合いをやっているということ。求めていることは、先程、質問がありましたように、規制機関をしっかりしろとか、規制機関を東海村にもってきたらどうだということを出しております。学生さんには、何を期待しているかというと、率直に言えば、東海村役場に入ってくれないかなということです。最近、大きな事故が多発しています。餃子の問題もそうですし、工場の火災爆発とか、犯罪とか、そしてまた、昨年の「偽」事件といいますか。経済的に発展をしたけれど、ガタガタと、いろいろなものが崩れ始めてきたと、私は思うのです。特に、今日は、工学部の学生さんが多くて、福島高専の学生さんも来ていますが、是非言っておきたいことは、日本の技術基盤というものが衰えてきているのではないかという気がします。それに対して、また、それを支えようとするような制度といいますか、考え方や制度ができていないと思うのです。それが怖いなと思っています。原子力もそうなのです。原子力も、日本のエネルギー確保ということについて、それを支えようとしている技術者が、どんどん居なくなってきているという現状なのです。これは、原子力ばかりではなくて、他の製造業においても、起こっているのだろうと思います。そういう点では、工学部の皆さんに、パソコンを使って簡単に出すということではなくて、手足を使っての地道な研究をやっていただきたいなという気がしますね。このままでは原子力業界も危ないなと思っているのですよ。原子力の関係者もいますから、率直に言うと叱られそうですが、しかし、危ないものは危ないし、怖いものは怖いです。

帯刀　聞きたいことへの回答が少しずれてしまったという感じがしますけど、住民の人に関して、原子力の安全について、原子力施設のある地域社会に住む住民の人に関して、どういうことを期待していますか。何を求めていますか。このお問い合わせについていかがですか。

村上　住民に対してはっきり言うと、モノがいえるような地域社会をつくっていきたいと思っているので、皆、利害関係はあるのだけれど、これだけ進んだ科学技術の村だとすれば、私は、原子力についての推進なのか、反原子力なのか、二者択一の発言ではなく、あるいは思い込みではなく、これだけ 50 年も一緒にやってきたのだから、原子力について、正しくプラス面もマイナス面も見て、マイナス面は最小限にしていくというような住民の意識を、オープンな精神というものが東海村という原子力のセンターとしては必要なのではないかなと思っているのです。私は、反原子力の村長なんかと言われますしね。ここまでの原子力の村で、そして、JCO の臨界事故を経験しても言われるのですよ。反原子力と言われるのは、ちょっと悲しいよなあ。

帯刀　多分、いろんなことについて、万感の思いがおありになるのだろうと思いますけど、ストレートに言えないご事情があるのかなとも思いましたけど。原子力施設について、住民の人が自由に自分の考えを述べられるような地域社会を、ひとまずはつくりたいというのが、今の村長のお気持ちだというふうに聞いてあげてください。すごく賛成で、もっと原子力施設を入れても良いのではないかという人もいらっしゃれば、もう一切ダメという人も、この街にはいらっしゃるという現実があって、そして政治的にもさまざまな課題があり、先ほどのご発言も、選挙で選ばれた結果だと思います。少し、際どいテーマになってきましたが、今日は、ここでは、自由に言える場ということで、お願いします。

他に、ご意見、ご質問、どなたか、いらっしゃいますか。

質問 8　自分は村民ではないのですが、先程、質問された方で、JCO 臨界事故から数年経ちますけど、その後に起こった原子力の問題に関して、先駆けの東海村として、意見を提供したりなどということはあったのでしょうか。

小野寺　JCO 臨界事故を活かせているかということは、連絡体制の問題など、こういう事故に対して、こういう対応をしていますよというようなやり方は、非常に参考になると思いますけど、JCO については、まだ足りない観点があると思います。

村上　まず、原子力防災訓練というのは、どこの地域でも、なかなか出来なかったのです。まして、住民参加ということは、出来ないということでありましたからね。東海村が初めて毎年やることによって、どこの地域でも、やるようになったのです。今でもやらないところはありますよ。原子力発電所は安全だから、「防災訓練をやれば原子力は危険だと言われる」というような地域もあるのはありますが、国も住民参加の防災訓練というのを始めました。茨城県も始めました。防災訓練というものが当たり前になってきたということが、大きな貢献だと思いますし、東海村では、リスクコミュニケーションに取り組む NPO 法人ができました。事故の前に、柏崎でも作ろうという動きがありました。私の所に何回も来ました。でも、柏崎はその気になれなかったそうであります。最近、東海村の例を習おうということで、柏崎の方からも来るようになりました。直接、我々が柏崎などに働きかけをした訳ではありませんが、しかし、原子力防災についても、原子力防災教育につきましても、「東海村に行けば何か得るものがあるだろう」という、そのような評価が出てきていますし、貢献も出来ていると思います。

帯刀　もう少し、意図的に、意識的に、東海村は事故後、原子力防災のリーダーになるということを打ち出される方が良いのだけれども、茨城の人は、あまりそういうことが上手でないというか、いいことを伝えるということがあまり上手くないと思っています。茨城大学もあまり上手ではない。これから、新潟大学や島根大学などに、このような私たちの取り組みに関する情報を伝えて行こうということを実は考えていて、今日この会場に TV カメラが入っていたり、テープが回っているのもご承知だと思いますが、TV カメラでは、すごくかっこよく、この授業のデモンストレーション VTR を作って、全国に発信していくという取り組みですので、皆さんはそれにも協力をしていただいているのです。いい質問をありがとうございます。

熊沢　私の講義で防災ビデオをお見せしますけど、このビデオは原子炉をもっている自治体に送ったのです。だけど、ほとんど反響がなかったです。ありがたいことに、東海村さんやこの周辺は協力してくれて、防災のビデオを活用しようということでやってくれました。その時に、柏崎の事業所や行政の方も積極的になってくれていれば、あんなに突き上げはなかったと思うのです。事業者の方が安全というばかりではなく、事故が起こった時どうするかということを、あるいは起こらないために、これだけ努力をしているということをもっと言って、危険になったときはこういうようにしてくださいと言った方が、住民との信頼関係が生まれてくると思うのです。僕はそれが原因だと思うのです。だから、東海村のように、市民、行政、事業者が一緒に安全を考えていくということが重要だと思うのです。この授業を受けた学生さんたちは、もし原子力災害が起こった時に、避難をする時のリーダーになれるような形になってください。「慌てるな、この状況の時はどうする」と言えるようになってください。自分たちで判断をして、住民の中心になって、行動できるような人になってください。そうでないと、この教育の意味がないと思うのです。そこが重要です。先程、村長さんがおっしゃられたように、「正しく恐れろ」をスローガンに考えていただけたらと思います。

帯刀　皆さんがそれぞれに、きちんと考え、行動できればと思います。
最後に、講義を担当されたお二人に、最後のメッセージをいただいて、終わりにしたいと思います。では、小野寺さんから。

小野寺　熊沢先生と 8 年お付き合いさせていただいて、今日の講座を開くことができました。毎年、学生さんの熱意が高まってきまして、非常に成果が上がってきているなと思います。そういう意味で、村が参加することによって、もっと広がると思いますけれども、これを機に我々が地域社会に対して熱意をもって参加できる、あるいは地域社会をつくっていくための原点になれればなと思っています。できるだけこの想いを学生の皆さんが社会に巣立った後にも活かしていただければなと思っています。
私からは以上です。よろしくお願いします。

帯刀　村上さん、時間はまだ大丈夫ですので、どうぞごゆっくりお願いします。

村上　日本人の性（さが）ということで、先程も申しましたが、一つの方向に向かうと、「それは違うぞ」というようなことが言えないような社会になってしまうというところがあります。一つの方向に向かい出した時に、批判を封ずるというようなことをやると、それは、最終的には破局しかない。破綻であると思っています。当然ながら、人間のつくり出したものに対しては、我々の生活や暮らしにプラスになるものもあれば、その中には、当然危ないものも含んでいる。それに対して、きちんとモノが言える、モノが言えなければならないと思っております。修復不能になって、信頼を裏切るということなりますと、当然ながら、前に行けなくなってしまうと思っておりますし、常に、そういう意味では、科学というものに取り組んでいくとすれば、それは社会科学も同じでありますが、そのような見方というものを「批判精神」といいますが、学問で一番大事なものは批判なのです。この「批判精神」が、まさに、研究のスタートであると思っておりますので、原子力は人間がつくりだした非常に素晴らしい成果だと思いますが、しかし、それをノーマークでいけば、取り返しのつかない大きな科学技術であると思っていますので、どうか皆さん、これから、そういう方面にも入ってもらいたいと思います。入ったときには、この辺のところを頭の片隅にでも残してくれていればいいなと思っております。

本当に、今日はありがとうございました。私も学生の前で話ができて、こういう講座ができたことを、本当に素晴らしいなと思っております。感謝しております。皆様の将来に期待をいたしまして、挨拶とさせていただきます。

帯刀　小野寺さん、村上さん、ありがとうございました。ご発言いただいた会場の学生、住民、原子力関係者の方々にも感謝いたします。

Ⅱ　地球温暖化と原子力

原子力関係施設位置

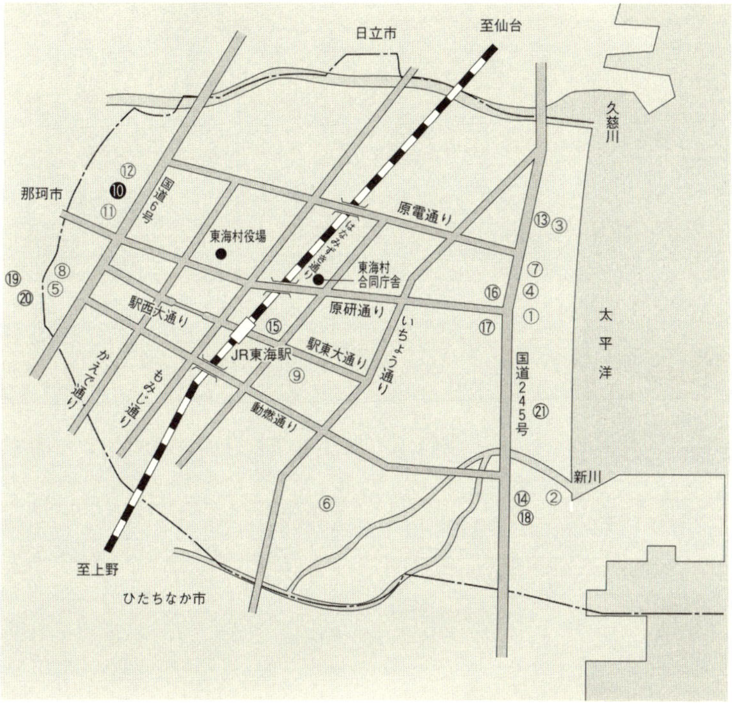

① ㈱日本原子力研究開発機構 原子力科学研究所
② ㈱日本原子力研究開発機構 核燃料サイクル工学研究所
③ 日本原子力発電㈱ 東海・東海第二発電所
④ 国立大学法人東京大学
大学院工学系研究科原子力専攻
⑤ 三菱原子燃料㈱
⑥ 原子燃料工業㈱ 東海事業所
⑦ ㈶核物質管理センター 東海保障措置センター
⑧ ニュークリア・デベロップメント㈱
⑨ 第一化学薬品㈱ 薬物動態研究所
❿ ジェー・シー・オー 東海事業所
⑪ 住友金属鉱山㈱ エネルギー・環境事業部技術センター
⑫ 日本照射サービス㈱　東海センター
⑬ 日本原子力発電㈱ 東海テラパーク
⑭ ㈱日本原子力研究開発機構 東海展示館アトムワールド
⑮ ㈱日本原子力研究開発機構 テクノ交流館リコッティ
⑯ ㈱日本原子力研究開発機構 インフォメーションプラザ東海
⑰ ㈳茨城原子力協議会 原子力科学館
⑱ ㈱日本原子力研究開発機構 本部
⑲ ㈱日本原子力研究開発機構 那珂核融合研究所
⑳ 三菱マテリアル㈱
㉑ 大強度陽子加速器施設（J-PARC）
（一部村外原子力関係事業所を含む）

『東海村の原子力』東海村，平成20年1月，一部訂正

Ⅱ－1　国策としての原子力エネルギー

内閣府原子力委員会　委員長代理　田中　俊一

熊沢　それでは、始めさせていただきます。

これから講義いただく、田中俊一さんは、内閣府原子力委員会委員長代理、旧日本原子力研究所東海研究所研究員副所長、所長、副理事長を経て、現在に至られております。非常にお忙しい中にご講演いただけるということで、嬉しく思っております。特に、学生さんには、このような機会にお話を伺えて、貴重な経験になると思います。そして、村内の事業所からも非常に関心を持って来られている方がいると聞いております。

それでは、田中俊一さん、よろしくお願い申し上げます。

プロローグ

田中　私自身は、昭和42年に日本原子力研究所に勤めて以来、ずっと、ほぼ東海研究所を中心に仕事を続けてきて、1年ちょっと前に、原子力委員会に移りましたので、現在の住居は勝田ですけど、東海村にも長いこと住んでいましたし、東海住民の1人かなあと自分では思っています。3ヶ月前ぐらいに、村上村長から、公開講座をやるから「国策としての原子力エネルギー」という題で話をしろというお話がありました。村長の言うことですから、喜んでやらせていただきますと言ったのですが、よくよく考えてみますと、国策とか、国策としての原子力エネルギーとは何かと考えあぐねてしまいました。今日、最後まで話を聞いてもらい、国策か国策でないかは、皆さんでご判断いただけたらと思います。

まず、エネルギーですが、エネルギーにはいろいろなエネルギーがあります。光エネルギー、熱エネルギー、電気エネルギー、原子力エネルギー、最近は、自然エネルギーなど、いろんな言い方をしますけれども、わかったようで、なかなかわからないと思います。広辞苑で、エネルギーを調べてみますと、一つが、活気、精力、二つ目は、物理的な仕事に関する総称ということで、かなり難しい事が書いてあります。益々わからなくなるのですが、今日の話は、活気や精力という意味でのエネルギーではなく、2番目の方に関したお話です。

まず、人類とエネルギーの関係、エネルギー利用の歴史、原子力エネルギーの発見、次に、世界と日本のエネルギーについて、そのあと、日本の原子力政策、それから、今話題の地球温暖化の問題、そこでの原子力エネルギーとの関連について話をしてみたいと思います。少し内容がバラバラで、理解が難しい、ややこしいところもあるかと思いますが、最後に、質問の時間を沢山とりたいと思います。それで、皆さんのご理解が深まればいいなと思っております。

人類とエネルギー

まず、最初に人類とエネルギーということでみますと、皆さんもご存知のように、火ですね。火が一番古いエネルギーになります。プロメテウスの神話で、全能の神ゼウスに逆らって、プロメテウスが、我々、人類に、火を与えたという神話があります。そのことで、プロメテウスは、ゼウスから大変な仕打ちを受けるわけですけれども、この話は、人間のいろいろな本性が出ていて面白いのですが、今日の主題と離れるのでやめておきます。実際に、人類が火を使用し始めたのはいつかということですが、北京原人とか、ネアンデルタール人といわれる人類の祖が生まれたのが50万年前とか20万年前といわれていますが実際に、人類の祖先が火を使い始めたのは4万年から5万年前だと言われております。火、即ちエネルギーを使えるということになったことが、人類の歴史を作ってきたということであります。食べ物を作ったり、採ったり、道具を使い、武器を作ったり、巨大なマンモスにも負けないで生き残ってきた力の源は火であり、人類の歴史にとって、火は、とても大事だったということを示しています。エネルギーを大量に使うようになってきたのは、ずっと後で、いわゆる、産業革命が起こってからであります。18世紀に、産業革命が起こって、大量のエネルギーが必要になってきました。産業革命以降は、どんどん技術の発明がありまして、エネルギー源としては、木炭から石炭、石炭から石油、そういう歴史を辿ってきています。その中で、原子力エネルギーの利用が始まったわけですけれども、初めて原子力発電が世界で行われたのは、1956年イギリスでありまして、それから見ても、半世紀しかたっていないのです。

放射線、放射能の発見

ここで、放射性物質というものが、どういうふうに発見されたかということをお話しておきたいと思います。原子力基本法で、放射線も原子力の一つとして定義されています。しかし、意外にも、放射線は原子力エネルギーではないと思っている専門家も少なくなく、原子力とは、発電するだけだと思っている人もいるのですが、物理をたどれば同じであります。歴史的には放射線や放射性物質の研究の発展の中で、いわゆる原子力エネルギーというのが明らかになってきます。放射線の発見は、物理学者のレントゲンが1895年に真空管のような道具を使った実験をやっていて、不思議な光、エックス線を発見しています。同じ時期に、フランスの物理学者ベックレルが放射性物質の存在を発見しています。その時の光みたいなものは放射線と呼ばれ、光を出す物質は、今の場合はウランですけれども、放射性物質と言われるようになっています。放射線を出す能力が放射能ということです。その後、キュリー夫人も同じような研究を重ねていますが、19世紀の終わり頃は物理学的にいうと極めて大きな発展の時代であります。イギリスの物理学者たちが放射線の研究を進めました。トムソンは電子の存在、ラザフォードは原子の存在、チャドビックは原子核の中には陽子と中性子があることを見つけていくわけです。

余談ですが、私はこうした歴史を勉強していて思うことですが、この時期の業績は、イギリス、フランス、ドイツの科学者の業績で、同じような時期に同じようなところに天才が現れています。天才はよい土壌を求めて集まってくるという感じです。これは、今後、科学研究を進める上での重要な教えであると思います。今、東海村には、J-PARCという世界に誇る加速器施設を作っておりますけれども、多くの天才が集まってくることを期待しています。

原子力エネルギーの発見

話が飛び飛びになってしまいました。次に、原子力エネルギーの説明に移ります。アインシュタインは特殊相対性理論に基づいて、止まっている物体の質量mとエネルギーEの関係式$E = mc^2$（c：光速度）を導いています。では、実際に、原子力エネルギーがどう発生するかということですが、皆さんもご承知のように、ウラン235に中性子をぶつけると核分裂して、ウランの原子核は二つに分かれ、同時に2～3個の中性子が出てきます。これを核分裂反応と呼びますが、この核分裂反応の前後の質量を比べてみますと、あとの方が非常にわずかですが小さくなります。この質量が減ることを質量欠損といいまして、減った質量が上の式に従ってエネルギーに変わります。これが原子力エネルギーであります。何もしなければ、すぐには変わりませんが、核分裂や核融合が起こると質量の欠損が起こり、これがエネルギーに変わります。太陽のエネルギーも同じです。原子炉というのは、一体何かというと、1回の核分裂の反応で中性子が2～3個出ますと言いましたが、その中性子が次々とウランにぶつかっていくと、ねずみ算的に核分裂反応が起こります。放っておくと、核爆発してしまうような反応になってしまうわけですけれども、それをうまくコントロールして、必要以上に中性子が反応を起こすことがないようにしているのが原子炉です。中性子の数をコントロールするのが制御棒です。どのくらいの核分裂を起こしているのかと言いますと、100万キロワットの原子炉では毎秒10の20乗回くらいです。10の8乗が10億ですから、すごい回数です。その時に使われるウラン235の核燃料は、25秒間に1gくらいです。東海村に石炭火力があります。100万キロワットの発電所ですが、同じエネルギーを作り出すのに必要な石炭の量は約100万倍ぐらいです。もう一つ、原子力エネルギーを発生させる方法に核融合反応がありますが、質量がエネルギーに変わるという点では同じです。代表的な核融合反応は、水素の仲間であります重水素と三重水素の核融合です。「地上に太陽を」というキャッチフレーズを聞いたことがあるかと思いますが、那珂市にある那珂研究所には、このような反応を地上で作り出すための実験装置があります。実際に、太陽では核融合反応が起こっています。太陽ではプラズマを中にきちんと閉じ込めて反応をおこす条件ができているわけですが、これを人工的に地上に作ろうと思うとなかなか大変な技術が沢山ありまして、個人的な意見を言えば、核融合を実用化するまでの道のりはまだまだ遠いと思います。

世界のエネルギーと日本のエネルギー：現状と見通し

次に、世界と日本のエネルギーについての現状と見通しについてお話します。現在の世界の人口は、約60億人ですが、2050年には90億人になるだろうと予測されています。これを国別にみると、日本はだんだん減ってきて、これから増えてくるのは、中国、インド、アフリカで爆発的に増えていきます。人口の増加と合わせて産業も大きくなり、2030年には、GDPは現在の2.5から3倍くらいになると推定されています。このような人口増加とGDPの増加を支えるためには、エネルギーが必要になります。2030年に一次エネルギー需要は1.4～1.6倍ぐらい、電力量は1.7～1.9倍になると推計されています。そして、化石資源が2030年あたりでも、エネルギーの約80%を担い、原子力エネルギーは5%～7%、と予測されています。エネルギーの増加に比べて、電力の伸びが大きい理由は、生活レベルの向上は電気エネルギーに強く依存しているということを物語っています。

最近、石油の価格が高騰していますし、温暖化に起因すると思われる自然災害も起きています。そういった背景を踏まえて、中東やロシアなどの原油産出国は、いわゆる石油輸出をコントロールし始めています。需要と供給の関係では、需要が増えれば供給も増えてくることになりますが、ここ1～2年見ていますと、需要が増えても供給を増やさないようで、そのために価格がどんどん高騰していることをよく見ておく必要があるかと思います。特に、エネルギー供給国がエネルギーでもって国際政治や国際政策をコントロールしようとする政治的な意図が出てきていることにも注意しなければなりません。世界中でエネルギー争奪戦という、戦争まではいかないかもしれませんけれども、紛争がだんだん激しくなることも想定しておく必要があります。いろいろな見方がありますが、イラクにしても、イランにしても、アフリカにしても、その多くの紛争は多かれ少なかれ、エネルギー資源が絡んでいるということでありますから、エネルギーというのは、昔からそうですけれども、国際紛争の火種にもなっているということも考えておく必要があります。

地球上のエネルギー資源としては、石炭・天然ガス・石油・ウランなどがありますが、その中で一番多いのが石炭です。石炭資源の量は150～200年分と言われています。世界的に広く分布していますが、温暖化を考えますと、むやみに使うことができません。原子力エネルギーは、ウランをそのまま使ったら、85年とか200年とかいろいろな推計がありますが、高速増殖炉が実現すると、ウラン238が使えるようになりますので、2000年分程度の資源を確保できるということになります。石油の資源は、2～3兆バレルが確認済みですけれども、ピークオイル説が予見しているように、35年～40年くらいで石油の生産量がピークを迎えるといわれています。その後はオイルサンドなど様々な石油資源を絞り出して使っていく時代が来ると予測されています。

次に、日本のエネルギーについて、ちょっと見ておきたいと思います。日本のエネルギー自給率は、原子力を除くと4%です。原子力を入れても約18%で、先進国の中では断突に自給率が低いという状況にあります。今、餃子問題で食料自給率が40%しかないと話題になっていますが、40%はお米を含めた値で、実際にお米を除くと30%ぐらいですが、それに比べても、エネルギーの自給率が非常に低いということになります。食料の確保は大事ですが、エネルギーの確保も同じように大事です。しかし、安定したエネルギーを確保することは、想像以上に大変な課題であると申し上げたいと思います。かといって、原子力をやらなければならないということを申し上げているわけではありません。そこは、皆さんでよく判断していただきたいと思います。

日本のエネルギーと原子力エネルギー政策

次に、我が国のエネルギー政策と原子力政策について、少しお話させていただきたいと思います。原子力は放射線の利用も含めて幅広いのですが、今日はエネルギーの政策ということを中心にお話させていただきます。日本で原子力の研究、開発、利用が始まったのは、1955年に原子力基本法ができてからであります。日本は第二次世界大戦で敗北し、経済も産業も壊れてしまいましたが、これを立て直すためには科学技術を発展させることが何より大事であるということになり、そのための土台となるエネルギーを確保することが最優先の政策課題の一つとなりました。例えば、昭和30年代前後に大型の水力発電所が次々と開発されました。これは水がある時は最大能力で発電できますけれども、水がないときには発電できません。水力発電所は炭酸ガスを放出しないクリーンエネルギーですが、田子倉、佐久間、黒四などの最大級の三つの水力発電所合わせても、最大出力でも東海村の東海二号炉と同じ程度の発電しかできないという現実を知っておいて欲しいと思います。石炭は戦後の日本ではもっとも重要なエネルギーとして、夕張炭鉱や三池炭鉱などで盛んに石炭の採掘が行われました。学生さんには、あまり記憶はないと思いますが、我々世代は、今日は年配の方もいらっしゃいますけれども、日本にはエネルギー資源として、まとまったものは石炭しかないので、採掘が盛んに行われました。石炭の採掘は、もう誰も意識の中にないかもしれませんが、大きな危険を伴うもので、戦後だけで石炭事故によって日本だけでも1000人以上の方が亡くなっています。少し注意して新聞を見ていただくと分かりますけれども、先日も中国で炭鉱の事故がありました。日本でも昔はたくさんありました。炭鉱の奥で事故が起こると人がそこにいても水を入れてしまうという悲惨な状況が起きていたのです。石炭を利用すると簡単にいうけれども、石炭を採掘するということは大変危険なもので、大きな犠牲を伴います。現在の技術をもってしても、炭鉱の事故というのは防ぎきれないということです。少し脇道にそれましたが、日本でも石油探査が行われていましたけれども、資源という程の石油を確保することはできませんでした。

こうした中で、1953年アイゼンハワー大統領が、国連で「アトムズ・フォー・ピース」という演説を行い、広島や長崎で起こった悲惨な歴史を踏まえて、原子力のエネルギーを軍事利用ではなく、平和利用のために使うべきとして国際原子力機関IAEAの発足を提案しました。これが、世界で原子力が平和利用されるきっかけになりました。日本でも、この演説を基に、原子力予算が計上されましたが、原爆の洗礼を受けた日本が原子力の研究開発を始めることについては、国内では大変な議論が起こりました。例えば、大学の原子力の研究開発には予算をつけない、大学は予算を要求しない、大学は原子力の研究開発をしませんという矢内原原則が生まれました。大学も今は原子力の研究開発をやっていますが、そういう過去がありました。こうした中で、学術会議で湯川先生などが議論しまして、平和利用を担保するための原子力3原則が提案され、1955年に原子力基本法ができて、翌年に日本原子力研究所が発足し、東海研究所が設立されました。

原子力基本法は、教育基本法の次にできた戦後2番目の基本法で、基本法の中でも極めて重要な基本法です。原子力基本法に基づいて原子力委員会ができ、昭和31年に第1回の原子力の研究、開発及び利用についての長期計画ができています。長期計画は大体5年に1回見直しが行われていて、最新のものは一昨年になりますが、原子力長期計画は政策の基本を示すものであるとして原子力政策大綱と名前が変えられました。原子力政策大綱では、原子力発電は、地球温暖化対策とエネルギー対策にとって重要な役割を果たすものと位置づけています。具体的には2030年以降も、基幹電源として我が国の総発電量の30～40%ないしそれ以上の供給を目指すことが、適切であるとしています。これをどのように達成するかということも、原子力政策大綱には三つに大きく分けて記載しています。短期、中期、長期と言った方がいいかと思いますが、安全確保を前提に、国民の理解を前提に原子力利用を進めることを大原則とした上で、短・中期的には、今の原子力発電所の建替えの時期が始まるのが2030年頃からと言われていますが、建替えは軽水炉の改良したものを採用するとしています。また、長期的には、高速増殖炉の実用化への取り組みを踏まえつつ、2050年頃から商業ベースでの導入を目指すとしています。ただし、実用化というのは、技術的に安全ということに加えて、市場ベースで使われることで経済性が問われます。そういった条件が2050年までに整えば高速増殖炉を入れていきましょうと、そうでない場合には、しばらく軽水炉を入れていきましょうということになっています。ちなみに、日本の原子力発電は昭和38年に東海村につくられた原子力発電所の試験用の沸騰水型原子炉JPDRが最初であります。はじめて発電した日は10月26日で原子力の日になっています。その後、次々と商用の原子力発電所が作られ、今は55基、約50ギガワット（5000万kw）の規模になっています。

地球温暖化と原子力エネルギー

最後になりますけれども、地球温暖化と原子力エネルギーについて少しお話しておきたいと思います。この正月の番組からずっとそうですけども、京都議定書の発効年ということと、温暖化が予想以上に進んでいるということで、テレビも新聞も、毎日毎日温暖化の記事がないような日がないくらいですから、皆さんも、温暖化については、いろいろな形で情報を得られていると思いますが、少し整理して見ていきたいと思います。昨年、ノーベル平和賞をIPCCとアメリカのゴア元副大統領がもらいましたけれども、今は、温暖化を語らずして世界政治も経済も語れないくらいの状況になっています。今年（2008年）7月7日、七夕サミットと言われましたが、洞爺湖で日本が議長国になってサミットが行われました。これに向かって、福田総理を中心にして温暖化対策に向けての取組が始まっています。

現在、地球の炭酸ガスの濃度が380ppmくらいの濃度に達しています。この図Ⅱ－1－1には、シナリオですけれども、650ppmとか475ppmとかのグラフが書いてあります。その場合に地球の温度はどうなるかというのが、右側のグラフです。2050年から、炭酸ガス放出が少し減ったとしても、地球の温度上昇は減らず、650ppmでは3℃ほど上昇します。今の地球温暖化についてどの程度の目安にすれば良いかということですが、目標値は2℃以内というのが世界の共通の認識になってきていて、そのためには500ppm以下にしなければい

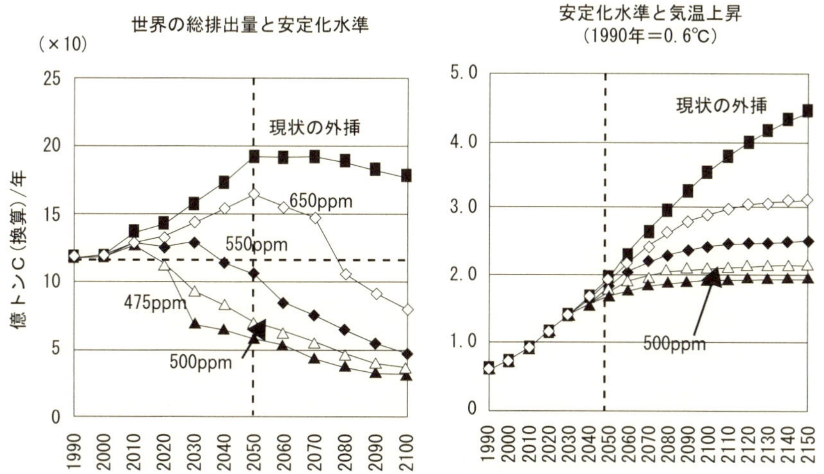

図Ⅱ－1－1　温室効果ガス濃度と温度上昇

出所）中央環境審議会・地球環境部会・気候変動に関する国際戦略専門委員会。

けないということになります。500ppm 以下とは、どういうことかと言いますと、2030 年までに、炭酸ガスの放出量を、日本は現在、年間 13 億トン強くらい出していますので、それを 30%くらい削減しなければなりません。2050 年には世界で半分にしましょうと、安倍前首相が言いましたけれども、それをやろうとすると、先進国は、7 割から 8 割削減しなければいけないということです。大変な目標です。相当の努力をしなければいけないということです。日本は、エネルギーセキュリティーという観点から原子力の依存が高くなるだろうと、世界のエネルギー機関は見ています。実際に、京都議定書がありますが、今年度から 2012 年までの 5 年間、1990 年に比べて、各国がどれくらい炭酸ガスを減らすかということを国際約束したわけですけれども、実態はどうなっているか。日本の場合には、1990 年から 6%を削減しましょうと約束をしましたが、今のところプラス 6.5%になっています。各国とも多くがプラスになっています。ロシアは少しマイナスになっています。欧州の場合は EU15 ヶ国に

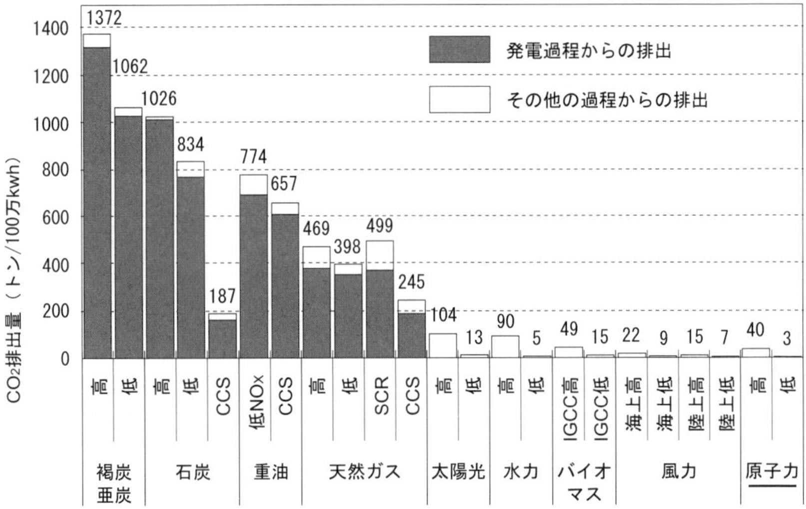

各種発電プラントの、ライフサイクル評価に基づく CO_2 排出原単位算出結果
（高、低：同カテゴリ中のプラントで、最大または最小の値）
（CSS：炭素回収・貯留技術適用プラント　SCR：選択的還元触媒によるNOx除去）

図Ⅱ－1－2　各電源の CO_2 排出特性

出所）中央環境審議会・地球環境部会・気候変動に関する国際戦略専門委員会。

なっていますが、EUはドイツのように自然エネルギーを大量に政策として入れてきている国もあり、EU内部での調整もやってきていますので、日本よりは状況がいいのですが、やはりプラスになっています。カナダとかは、もう約束は守れないと京都議定書の約束を放棄してしまいました。炭酸ガスの削減というのは、目標を立てても現実にはとても大変なことだということを物語っています。

さて、原子力は地球温暖化防止にどの程度貢献できるかということですが、図Ⅱ－1－2をご覧ください。様々な項目が並んでいますが、一番右端ですけども、発電をしている過程では、炭酸ガスの放出がありません。そういう意味では、太陽とか、風力とか、水力とかと一緒です。バイオマスもこの一例ですが、バイオマスを拡大した途端、質の違う問題が起こるということに注意しておかなければなりません。バイオマスの拡大によって、食料問題、家畜の飼料もなくなってきたという状況が起こっています。ですから、エネルギーという側面だけを見るのではなくて、そういうことをやることによって、周りに、どういうことが起こるかということは、ちゃんと見ていかないと、持続可能なエネルギーとして、本当に使えるかどうかということが判断できないということです。化石エネルギーは非常に沢山の炭酸ガスを出しますし、自然エネルギーもいろいろな地球環境の破壊に結びつく可能性がありますので、炭酸ガスを出さないエネルギー源を広く、使えるものはすべてを動員して利用するということが大事です。

現在、世界には原子力に対する大きな期待があります。200基くらいの新しい発電所を今後20年から30年の間に新設することで、いろいろな国が原子力発電をはじめることを予定しています。この数値は非常に大きい数字ですが、原子力業界は喜べるかというと、単純に喜べる状況ではありません。原子力発電所の製造メーカーは、フランス、日本、アメリカ、ロシアと4つないし5つくらいしかありません。加えて、原子力発電はこのところ厳しい状況に置かれて来ましたから、技術者の数が減っています。急速にこれだけの原発の建設ができるのだろうかという心配がありますし、新たな国が原発を安全に維持し、運転できるのかというところも非常に心配なところであり、IAEA等の国際機関を含めて懸念材料として議論されています。しかし、世界のエネルギー状況は、石油の高騰や温暖化により原子力が外せない状態にあることも事実です。

原子力発電による炭酸ガスの削減効果ですが、日本の原発の発電容量が50ギガワットですが、新潟県の地震などがあって稼働率が60%くらいしか達成されていません。アメリカやヨーロッパは90%を達成しています。日本が10%稼働率を上げると1.7から3.3%くらい炭酸ガスの削減効果があります。60%が90%になると、6%～7%削減になりますから、京都議定書で6%削減することを約束しているときに、今の発電所が安全に安定的に動けば、すごい貢献ができるということになります。日本は世界の最低の稼動率で、原子力が温暖化対策に役に立つよということも言えない状態ですが、ポテンシャルとしては炭酸ガスを削減できる大きな可能性があるということは間違いありません。原子力を温暖化対策に使うことは大きな意味があると、私は思っています。ただし、原子力を拡大していくときには、国民の理解が必要ですし、国際的な理解と合意のもとでこそ、原子力エネルギーの利用を拡大してもよいわけで、日本は原子力の平和利用について世界のリーダーシップを担うべきであると思っています。

原子力エネルギー利用は自らの問題

エネルギーというのは産業や生活の基盤であって、エネルギーの確保は国が責任を持っている重要な政策課題であるというのは間違いありません。多分、皆さんもそう思っていると思います。先程申し上げましたように、食料もそうですね。では、原子力エネルギーが国策かということについてですが、国策というと、戦前のように国策に逆らうとお国に逆らうことになるとか、水戸黄門の印籠のようなイメージがあって、個人的にはあまり好きではない言葉ですが、今日は、敢えてそのタイトルでお話をさせていただきました。国が責任をもって推進するという意味での国策は原子力だけでなく、いろいろなことがありますので、原子力エネルギー、イコール国策だと私は思いませんが、少し整理してみます。地球温暖化対策は日本だけでなく人類が共同に解決していかなければならない問題であるという意味で、国の政策としては極めて重要であります。グローバル化した経済の中で、温暖化対策というのは、国際社会と一緒になって解決していくということが求められています。それから、我が国の原子力利用の大原則は平和利用と申し上げた通りです。時々、日本も核を持つべきだという人もいますが、そんなことをした途端に、日本が原子力を平和利用する道が国際社会から全く閉ざされてしまいます。私から見ると、核が必要だという人は、日本の原子力政策の平和利用に一番反対されている方であると私は思っています。原子力というのは非常に大きなエネルギーを出します。これをどう利用していくのか知恵をだすことが大事です。危ないから利用しないという判断もあるかも知れませんが、いずれにしても、国民が判断して関与していかなければいけない問題だと、私は思っています。良い原子力政策というのは、国民の参加ということでありまして、国策であるべきかどうかも含めて、皆さんそれぞれが考えていただければと思います。

ご清聴ありがとうございました。

熊沢　最後に、先生がおっしゃられた核兵器を持つということは、原子力の平和利用に全く反しているというお話に感銘を受けたのですが、この教室の中にも、広島で育った学生さんがいまして、政治家が、軽々に、そういうことを言う人もいますよね。そういうことは、原子力に携わっている先生方としては、困ったことだというふうに、困ったとは直接的に言うのはできないかも知れませんけれども、いかがでしょうか。

田中　困ったことです。今、核兵器をもっている国、アメリカとロシアと中国とその他の持っている国がありますけれども、そういう国を除いて、再処理工場や濃縮工場が認められているのは日本だけなのです。アメリカでも少なからぬ有力な議員は、日本が再処理工場や濃縮工場を持つことに反対しています。日本が核兵器を持とうと言い出した途端、再処理工場などが止まってしまうわけです。国際社会がそういうことを許してくれないのです。だから、イランなどと同じになってしまうのです。だから、核兵器を持つということが、日本にとって良いことですかと聞きたいのです。ある人は核兵器は持っていても使えないものだという人もいます。私は原子力基本法の、原子力３原則の、考え方をきちんと踏まえてこそ、日本の今後の原子力の発展があると思っています。

熊沢　ありがとうございます。授業をやっていても、時々、核兵器を持てばいいという意見がいまだにあります。日本の国際社会の中で、非常にマイナスだと言うことを知らなければいけないと思います。先生の最後のお言葉に、非常に感銘を受けました。

他にありますか。

質問1　原子力は、地球温暖化対策の切り札になり得るのでしょうか。

田中　温暖化対策について、切り札やエースがあるといいのですけれども、原子力が切り札になれるかというと、私はなる必要がないと思います。要するに、温暖化対策というのは、根が深くて、例えば、太陽エネルギーは100倍以上、風力も数十倍、先程紹介したのからも、お分かりになるかと思いますが、原子力も倍増しなければいけないというギリギリの選択で、適切に利用していかなければ、温暖化対策というのは、決して、人類が乗り越えることができない大変な課題だということです。私は、原子力は切り札になるほど、力はないと思います。

質問2　2点だけ、お伺いしたいと思います。核融合の問題ですが、かなり長期にわたって研究をされているわけですが、現在どの程度まで行って、将来的に、この研究が成功するのかどうかということを確率等を含めてお聞きしたいと思います。もう1点は、原発の稼働率が60%程度ですが、よそと比べて、かなり日本は低いというお話でしたが、根本的に、どこが違って、何をやれば稼働率が上がるのかをお聞かせ願いたいと思います。

田中　核融合の見通しは、私はあまり答えられないですし、那珂研究所の人が答えた方がいいと思いますが、少なくとも、原子力政策の位置付けは、基礎研究の段階に位置付けてあります。稼働率を上げるということについては、一番の問題は、技術的なトラブルを少なくするということがあります。地震でも、いろいろな問題がありました。それから、もう一つ、外国と比べて、日本は、規制が厳しいところがありまして、国民の理解と同意が必要だと思いますけれども、もう少し、国際基準並みの合理的な安全規制というものに持っていかないと石橋を叩いて渡らないということになって稼働率はあがらないと思います。

質問3　よろしいでしょうか。先程、石橋を叩いて渡らないとお話をされていましたが、私は原子力の推進派だったわけです。ところが、先日、報道されました改ざん事件が起こって、全て引っくり返ってしまったのです。反対派が、勢力を上げ、過去の事故も取り上げました。これは、人為的なことに相当するのでしょうか。改ざんは、ヒューマンエラー以前の問題なのです。原子力委員会で、そのような監視、監督をしているのでしょうか。

田中　厳しいご指摘ですし、改ざんなどがあったのは、モラルの問題ですし、厳しく反省しなければいけないことかと思います。そういうことが起こった背景を考え、事業者に対して、原子力委員会は、厳しく反省を求めているし、今後そのようなことを起こさないための点検も行われています。

熊沢　拍手をお願いします。ありがとうございました。

Ⅱ－2　日本のエネルギー政策と課題

理学博士・茨城大学地域総合研究所客員研究員　大嶋　和雄

熊沢　大嶋先生は通産省工業技術院地質調査所から茨城大学に出向されてきました。先生は卒業研究以来、第四紀の海水面変動と沿岸環境変化との関係を研究され、通産省に入省されてからも海洋地質の調査研究を26年間続けられ、その間、昭和49年の瀬戸内海、水島の重油流出事故に遭遇され、本格的な環境調査に従事されてきました。茨城大学の教養部、教育学部では、環境科学の講義・卒論・修士論文指導を担当されてきました。数年前に退官され、現在は茨城県環境アドバイザー、環境省の精度管理委員会委員などを委嘱されています。今回は、「日本のエネルギー政策と課題」から、原子力発電は地球温暖化対策の切り札か否かについて、お話いただきます。

大嶋　私のエネルギー政策関連課題へのかかわりは、石油備蓄基地造成や原発立地の事前環境調査標準マニュアル作成を担当してきました。今回の中越地震での原子力施設被害は、活断層周辺の脆弱な建設地盤によるものでした。原油1バレル90ドル以上の価格上昇の市場では、原油高騰に関係しない原子力発電は大きな利潤を産むはずでした。しかし、原子力発電所の地震災害によって、東京電力の株価は4000円から2600円まで急落しました。

国の科学技術行政は科学的な知見に基づいて実施されていると、多くの国民は国を信用してきました。残念ながら、昨今の日本の科学技術行政は偽学説・仮説に振り回されていることが、中越地震・岩手青森地震などの地震予知研究の空振りからも露呈しました。地球温暖化の原因は大気中の二酸化炭素濃度増大に関係するという環境政策も、自然科学的な仮説と学説とを混同した危険な対策です。私が二酸化炭素濃度の増加によって地球温暖化が進むというのは仮説の一つすぎないと説明すると、先生の講義内容はNHKや朝日新聞の報道と全く違う、こんな講義を聴きたくないと教室から出て行く学生がいました。

科学研究とは、人類の知的生産活動の成果を基礎として、更なる発展を目指す思考形態の一つなのです。したがって、科学的認識や見解は常に変革し、自己再生を繰り返しています。科学的見解が変化しながら未来展望を可能にするので、私たちは未来に向かって生きていけるのです。日本のエネルギー資源と課題を俯瞰して、原子力発電の地球温暖化対策の役割について、私の考えを話したいと思います。

省エネルギーの推進

1980年から十年間、IGBP（国際地球圏生物圏共同研究計画）に日本側委員の1人として参加しました。当時は地球が温暖化するか寒冷化するかは不明であって、気象庁の長期天気予報よりも不確かな地球温暖化問題は、科学的研究課題には馴染まないというのが学会の常識でした。天気の長期予報は、大型コンピュータによる予測計算で精度は向上してきたようです。しかし、科学的に検証不可能な予測計算結果から、マスコミが報道する地球温暖化を信じるのは危険です。大気中の二酸化炭素濃度増大によって、地球温暖化を報道するのはマスコミの自由です。しかし、それ以外の見解を無視・否定するマスコミの姿勢と、集団ヒステリー状況の社会的状況は危険です。

仮に、大気中二酸化炭素濃度の削減に何が一番効果的な施策かと考えた時、効率的なエネルギー消費による省エネルギーという選択肢もあれば、二酸化炭素を大気圏に排出しない原子力発電の開発利用という選択肢もあるでしょう。その他、地球は回転楕円体ですから、球面の半分は昼で、半分は夜です。夜間は工場生産活動を停止するので、電力を使用しません。世界中の送電線を連結して、夜間の余剰発電量を昼間の国に融通したら、12時間労働では発電量を二倍に使えます。8時間労働だったら、三倍にして使えます。

日本の地球温暖化対策はリオの地球環境サミット以来、原子力開発を柱に進めてきました。その理由は、ソ連のチェルノブイリ原発事故によって国内では手詰まり状態となっていた原子力発電事業推進に、地球温暖化問題が錦の御旗として利用できたからです。

IPCC（国際気候変動研究パネル）で、二酸化炭素による地球温暖化原因説を支持する研究者の割合を調査した事があります。参加研究者千人の内、二酸化炭素温暖化原因説を支持する研究者は800人、150人が不明、50人が支持しないとの結果でした。もし、多数決で科学的真実が決定できるのなら、この講義は無用です。

第四次全国総合開発計画で多エネルギー消費型生活を止めて、省エネ型社会を選択することを決定しました。当時の通産省では、直上、直下階にエレベーターが停止しないようにボタンが設定されていました。ところが、最近はエレベーターが何台か並んでいると、全部ボタンを押して、どれが一番先に来るかとスイッチを押す人が多いようです。エネルギーの大量消費型生活を省エネ型にしようとキャンペーンしていた電力会社が、高齢者に火の使用は危険だと、電磁調理器を含むオール家庭電化のコマーシャルを流していました。ところが、東京電力の柏崎刈羽原発が停止した途端、そのコマーシャルを見なくなりました。

電力消費問題を考える場合、生活の中での家電製品の普及を把握しておく必要があります。1984年には、三種の神器であったカラーテレビの普及率が50%を超えました。1987年には、電子レンジの普及率が50%を超えました。1992年には、ルームエアコンの普及率が100%を超え、100%を超えたということは、一軒の家に2台以上になったということです。国が省エネ型社会を目指しているのに、国民生活は逆行しています。これ位の家電製品普及なら許せるかもしれないけれど、最近はデスポザー、食器洗い器・乾燥機まで増えてきました。大量電力消費生活に、我々は飼いならされてきました。

石油安定供給の確保

省エネ推進には、いろいろな方法があるのですが日本では積極的に選択されていません。その理由は、原油価格が高騰しても、原油を買い続ける余裕があるからです。原油価格高騰の経済的影響は、アメリカは1バレル80ドルで致命的となりますが、日本経済は対応できます。最近、日本は不景気だと言われますが、大学生の就職率は一番良いのです。日本経済は1バレル160ドルまで対応できるそうです。日本は第1次石油危機、第2次石油危機を徹底した省エネルギー技術開発によって対応してきました。世界中が同じようなエネルギー消費量で生産活動を実施し、持続可能な産業開発を目指すなら、日本産業はモデルとなります。

私の個人的な省エネ行動は、1人では自家用車を利用しないと学生に講義で約束してから10数年間、通学はバスと電車とを利用してきました。自家用車では片道45分ですが、公共交通機関を利用して片道2時間、往復4時間を講義の準備に利用してきました。

世界中の送電線接続は夢物語かと思いましたら、EU圏内のガスパイプ・ラインは繋がっているのです。そして、フランスの原子力発電所の電気を、スペインやイタリアでは購入しています。しかし、日本国内でも、東京電力と関西電力との送電線は直接繋がってはいないのです。東京電力の周波数は50サイクル、関西電力のそれは60サイクルです。周波数調整装置を入れなければ、相互利用できません。日本社会はこのような非科学的技術体系によって構成されています。

原子力発電と市場原理

原子力発電によって地球温暖化問題の解決を図るには、原子力発電によって、化石燃料発電に代わるだけのウラン資源を確保しなければなりません。残念ながら、化石燃料に換算すると4から5年分程度のウランしかないそうです。勿論、プルトニウム発電が実施できれば話は変わります。そのような状況にありますから、原子力発電は地球温暖化問題の決定的な解決策になりません。日本人の出来る現実的な対策は、国内九電力会社の送電線を連結し、有無相通ずる体制の整備です。そして、長期的には原子力開発も選択肢の一つですが、太陽エネルギー開発が環境面からも選択できると思います。原子力発電の未解決問題である高レベル放射性廃棄物処理、施設立地の安全審査基準などが解決できる国は、少ないでしょう。情報公開・民主的な政治体制が確立していない国家には、危なくて任せられません。先進国が技術情報を公開し、技術者養成にも責任を持つようになると途上国でも原発の開発が可能になるでしょうが、先決課題が多すぎます。

世界の原子力発電開発状況ですが、2007年までアメリカでも原子力発電所の建設は禁止されていました。しかし、原油価格が1バレル100ドル以上になったら、原子力発電に頼らざるを得ません。最近、東芝と三菱がアメリカの原子力発電建設会社を買収し、日本企業が原子力発電建設を主導するような状況になってきました。日本の技術者は世界のエネルギー体系を理解した上で、安全の確保を担保できる技術者集団を教育していく責務も出てきました。

世界の火力発電量を原子力発電で代替するためには、百万 kw、5000 基の原子力発電所建設が必要です。現在、世界には 514 基の原発が動いています。これに加えて 5000 基の原子力発電所を建設するには、直接的な建設費用は 5 兆 3 千億ドル、日本のお金に換算すると 600 兆円以上の資金が必要です。建設後の発電所維持管理には、膨大な費用と技術者が必要です。したがって、途上国の負担は、さらに大きくります。

これに加えて大きな問題は、人口増加を制限する知識手段の普及です。インドの人口は、間もなく中国を抜きます。それは疑いない事実です。その時、日本の人口は何人ぐらいになりますか。40 年後の日本人口は 8 千万人以下になるでしょう。日本の人口は 4 千万人も減少するのですから、エネルギー需要も大きく減少します。この人口動態を見極めたエネルギー政策の立案が要求されます。

二酸化炭素の排出規制遵守の可否

気候変動に関する政府間パネルが、国連環境計画と世界気象機構の共催で、1988 年に初会合が開催されました。その時は、「現在の気候がどのように形成されてきたかが解明された時に、気候変動の原因を基礎として、将来の気候が予測できる」という会議報告が採択されました。風邪をひいた原因が分かれば、次には風邪をひかないような対策が考えられます。私たち科学者集団（IGBP）は地球温暖化問題には科学的な不確実性はあるが、早急な対策が必要だと声明を発表しました。ローマクラブが 1972 年に、世界の経済発展を継続していったら資源は枯渇し、公害や疫病や食糧危機による大パニックの発生によって人口が激減すると発表しましたが、相手にされませんでした。しかし、1998 年 12 月の京都議定書で地球温暖化は起こりつつあるとして、温室効果ガス濃度を 90 年レベルに削減しようと発表しました。その後の地球温暖化狂騒劇は、マスコミと政治家に支配されてしまいました。90 年レベルの二酸化炭素濃度は、人類にとって一番快適な環境なのでしょうか。

第四紀に10万年周期で起こった氷期・寒氷期の気候変動の原因は、太陽の周りを回っている地球の公転軌道の楕円率が10万年周期で5%変化すること、地球の地軸の傾きが22度～24度まで2.4万年周期で変わること、歳差運動によって夏が1.2万年周期で変わる規則性に支配されてきたことです。この仮説の数値計算結果は、熱帯域の深海堆積物中の有孔虫化石の酸素同位体分析値の変動から検証されています。

大気中二酸化炭素濃度は、ハワイのマウナロアで1956年に観測された当初の315ppmvが2004年には380ppmvまで増加したと報告されています。1956年から2004年までの二酸化炭素濃度増加過程においても、日本では数回の冷害被害で米の緊急輸入をしたことがあります。二酸化炭素濃度が増加しているのに、何故冷害が起きるのか不思議です。化石燃料を経済的限界まで利用すると、大気中二酸化炭素の値は600±100ppmvに達すると地質学的根拠から推論できます。このゴールの値と影響量とを不問にして、二酸化炭素濃度増大による温暖化被害を論じることは意味がありません。

第四紀の二酸化炭素濃度変化は、南極大陸氷床から採取された2000mの氷試料中のガス分析によって明らかにされています。40万年前から最近まで、氷中の二酸化炭素濃度極大値280ppmvの時代は間氷期で、平均気温が現在よりも4℃高かったと推計されています。一方、二酸化炭素濃度が180ppmvまで減少すると、気温は現在よりも8℃低くなったと推計できます。地球の公転軌道に基づく氷期・間氷期の周期的な気候変動と、南極氷床の二酸化炭素濃度変動との対応が確認されました。しかし、二酸化炭素が増加して地球が温暖化したのか、地球が温暖化したから二酸化炭素が増大したかの因果関係は解明されていません。間氷期の温暖化時代の二酸化炭素濃度は280ppmv程度で、1956年の315ppmvよりも低い値なのです。勿論、10万年前の間氷期には、化石燃料を使用して二酸化炭素を増大させる人間活動は存在しません。2004年の二酸化炭素濃度は、380ppmvを超えています。もし、二酸化炭素濃度増大で地球の温暖化が起こるのならば、もはや手遅れです。それなのに、マスコミは二酸化炭素濃度が倍増すれば、地球温暖化によって地球生命は危機的状況に追い込まれるとヒステリックに、今日もTVコマーシャルで放映しています。

机の上のコップにコカ・コーラを注いで放置しますと、コップのコカ・コーラから二酸化炭素の気泡が部屋中に放出されます。コカ・コーラからの二酸化炭素増加によって、この講義室は暖かくなりましたか。私は講義室が暖かいから、コカ・コーラから気泡が出てきたと評価します。原因と結果の完全な取り違えが、昨今の二酸化炭素による地球温暖化パニックなのです。私は25年前から、この事実を話し続けてきましたが、いつの間にか少数派になりました。地球の間氷期に温暖化する時は急激に温暖化して、ゆっくりと寒冷化していきます。現在はウルム氷期後の温暖な後氷期気候にあります。

私の80m海面低下説では、10万年前に大陸と日本列島とが分断されてから、現在まで大陸とは陸続きにはなりませんでした。したがって、温暖期に渡来した哺乳動物は、寒冷期にも大陸に戻れず日本固有の哺乳動物に進化してきました。マッカクサルも日本に渡来した当初は、台湾猿のように尻尾が長かったのです。最終氷期の寒冷期に、マッカクサルの尻尾は凍傷にかかって短くなった（笑い)。本当ですか？　こういう冗談によって、本質を見失ってはいけません。尻尾の短い猿が生き残りに有利だったので、尻尾の短い集団がニホンザルに固定したのが真相でしょう。日本列島に自然分布する動物群には、温暖期に渡来した動物は寒い環境でも生き残れる遺伝子を持っています。そして、温暖期には、ニホンザルは生息域を東北地方にまで拡大する事ができました。気候変動による固有動物群分布の影響は小さいというのが、地質学的見解です。

5千年前の縄文海進期海面は3m上昇し、沿岸平均水温は3℃上昇しました。北海道沿岸の冬季海水温上昇は著しく、オホーツク海に流氷は漂着しませんでした。温暖化の騒がれている今年は例年より早く流氷が出現し、2008年4月4日にも流氷が紋別沖に再出現し、流氷観光船のガリンコ号が出航しています。温暖化していると騒いでいる現在、何故、流氷が多いのでしょう。予想される地球温暖化の影響が縄文海進5千年前よりも小さかったら、世界的なパニックに陥ることはありません。21世紀に予想される二酸化炭素濃度の増大値は、我々の利用する石油の起源から類推できます。石油の起源は、恐竜のいた白亜紀の大気中二酸化炭素を植物プランクトンが光合成によって固定した太陽エネルギーの缶詰です。白亜紀の頃にはプレートテクトニクス運動が大きく、海底火山から大量の二酸化炭素が放出されました。当時の大気中二酸化炭素濃度は2000～3000ppmvにも達し、現在濃度の10倍もありました。それが起源ですから、世界中の採掘可能な石油を利用した場合の大気中二酸化炭素濃度は800ppmv以下であろうと推計できます。

100年先の大気中二酸化炭素濃度600ppmvを根拠にして対策を講じるのが現実的です。この値までは、世界の石油消費動向から増加するでしょう。氷河時代の赤道海面温度は24℃以下に低下しませんでしたから、サンゴ礁は維持されてきました。海面温度が20℃度以下になった最終氷期の沖縄付近のサンゴ礁は衰滅しました。温暖な縄文海進時の東京湾館山には、サンゴ礁が形成されていました。このような地質時代の気候資料から、赤道から北極までの気候変動に対応した温度変化が類推できます。温暖期の北極圏の海面水温は－5℃までしか上昇しませんので、北極の氷が冬季に完全融解することはありません。北極海の海氷が融解して海面が上昇するという風説もありました。北極の氷が全部解けても、海面は上昇しません。コップにジュースと液面を越える氷を浮かべて、氷が解けたらコップからジュースが溢れますか。氷が解けても、コップの液体の体積は変化しません。その理由は、アルキメデスの原理から説明できます。また、南極大陸氷床の融解を心配する人には、今よりも平気気温が4℃くらい高かったリス・ウルム間氷期の海面は10mも高かったのですが、当時の氷床は現在も残されています。間氷期にも、南極大陸の氷床は融解しなかったことは、南極ボーリング調査で証明されました。

まとめ

私は正しい科学観を育てる教養教育の大切さを、ここで強調したいと思います。二酸化炭素排出量の削減効果は幻想です。効果はないけど、あると思う人にはあると思わせて化石燃料資源を倹約させるのは「嘘も方便」として利用できます。

地球温暖化の原因と対策には、定説がありません。我々は科学的見解を信じるのではなく、疑って、きちんと評価して、当面は各自の生活行動の中で取捨選択することです。

私たちの持続可能な社会を維持するためには経済産業の構造変革が必要です

が、原子力発電が唯一の選択肢と決め付ける必要はありません。我々が利用した資源と空間から派生してくるいろいろな問題に対して、受益者負担の原則から責任を持たなければなりません。地球環境変化の影響量を予測して、積極的に環境倫理に基づく生活行動をとる習慣を大学教育の中でしっかりと身につけてください。私の説の不確かな点を指摘し、一緒に考えましょう。科学的仮説を信じて、疑わなければ宗教と同じです。私は自分の考えを毎日疑い、素直に自省しております。

熊沢　ありがとうございました。地球温暖化の二酸化炭素濃度増大原因説は、よく言われているのですが、先生のお考えでは温暖化するから二酸化炭素が増えるというふうに理解して宜しいのでしょうか。いわゆる、卵が先か、ひよこが先かというふうに思うのですが温暖化するから炭酸ガスが増えるのだと、いかがでしょうか。

大嶋　エル・ニーニョ、ラ・ニーニャという海流循環が赤道付近に見られます。ラ・ニーニャが発生しますと二酸化炭素が深海から1000ppmvの濃度で海面に放出されます。その二酸化炭素を利用してプランクトンが大発生し、ペルー沖のイワシが大量に増えるのです。エル・ニーニョが続くと、二酸化炭素の供給が少なくなり、プランクトンの発生量は減少し、漁獲量減少がペルー経済に打撃を与えます。炭酸ガスの放出による気候変動への影響も否定は出来ませんが、気候変動は地球システムの基本的なフローから理解しなければならないと思っています。まず、地球規模での二酸化炭素収支の解明が、先決課題だと思っています。

熊沢　二酸化炭素の収支で行き先不明の部分が多くて、人間活動で排出された二酸化炭素が海洋に溶け込んでしまう量が定量化できないという点もあるのでしょう。収支が不明という現状を、ご指摘ですね。

大嶋　それから、もう一つ大きいのは、日本では森林の造成が二酸化炭素処理の究極の選択であるとの誤解です。石油は海洋生物の遺骸が起源物質であって、陸上植物から石油は形成されません。二酸化炭素増加の原因物質が石炭なら、話が分かります。世界の大油田は、白亜紀の海生プランクトンが起源である事は確認されています。地球規模での二酸化炭素収支を無視した、日本の森林増産で二酸化炭素を減らすというのは、余りにも島国的な発想です。

質問1　大変混乱をしております。どう考えていいのか、迷いに迷っています。お伺いしたいのは、それでは、何をしたらいいのですか。何を一番、私達は実行すれば良いのでしょうか。皆、地球温暖化のために、二酸化炭素を減らそうと実行しているのに、先生の考えは矛盾します。小さな努力を積み重ねるのが重要でしょう。

大嶋　その点については、霞ヶ浦の水質汚染対策でも同じでした。霞ヶ浦への有機物排出量は1日平均40トンですが、霞ヶ浦植物プランクトンの有機物生産量は1日平均1400トンです。人為的な40トン全てを削減したとしても、霞ヶ浦の一次生産量1400トンに比べては問題にならないため、霞ヶ浦の水質汚染は進行するだけなのです。自然界の物質収支を無視した思い込み行動は、現実を見失わせるだけなのです。

自然の自己組織化を理解せずに、地球温暖化問題を二酸化炭素排出削減対策に矮小化させる現状は、問題解決を遅らせているだけです。人間の健康は、病気の治癒だけでは得られません。患者が病を治癒しても、健康な体力回復にはリハビリが必要です。韓流ドラマの医女チャングムは、「王様、医者が病気を治すのではなく、患者が患者自身の自己治癒力によって病気を治すのです」と述べていました。現在、大気中に二酸化炭素が増加しているのは事実です。しかし、この二酸化炭素を人為的に減らすことは、現状の世界的な経済情勢では不可能なのです。先進国が努力しても、インドや中国から、それ以上の二酸化炭素が排出されているのが現実です。それを禁止することは、先進国のエゴとして受け入れられません。

熊沢　環境倫理に基づく生活を送るということですね。私たちの行動が、すぐプラスになるかどうか分かりませんが、それを別にしても少なくとも無駄なエネルギーを使わないという努力をするのは当たり前であって、我々ができることは実行した方がいいし、エネルギーを使わなくても幸せになれる方法を考えた方がいいのです。そのようなシステムに代わってくれば中国人にも理解されるのではないでしょうか。大嶋先生も、エネルギーを無駄に使わずに公共交通機関でいらっしゃっていますし、議論活性化するために講義では過激な発言を少ししてしまうだけで、別に否定をしているわけではありません。

質問2　大変面白いお話ですごくよかったし、また聞きたいと思って、先生が大学にいらっしゃらないのは残念です。でも、内容にびっくりしています。この資料で、600ppmv以上に増加しないとおっしゃいましたけど、今も地下から、化石燃料を掘り起こしていますね。化石燃料を利用しなかった時代にも、大気中二酸化炭素濃度の高かった時代はあるのですか。そうでないと600ppm以上も高くなる可能性があるのではないでしょうか。

もう1点は、生物学的な質問をしたいのですが、温暖化に日本の生物は対応できるとおっしゃいましたが、当時は耐えられても、今は環境が変わっていると思うのですが、住宅ができて森が減っていると思うのですが、昔は耐えられても、日本の中でも寒いのが苦手な動物は、氷河期が来た場合に南の方に移動したりしましたけど、今はできない状況が多いと思うのですが、今の状態で、温暖化してしまったら、昔よりも多くの生物が死んでしまうのではないでしょうか。

大嶋　二酸化炭素が大気組成の90%も占めていたのは45億年前です。二酸化炭素の大部分は、生物によって石灰石に固定されました。二酸化炭素の濃度が数パーセント段階になってから多細胞生物の進化が進み、カンブリア紀以降の二酸化炭素濃度は数百から数千ppmvに安定してきました。1億年前の恐竜時代の二酸化炭素濃度は、1000～3000ppmvと地質学的データから推計されています。この二酸化炭素が石油や石炭に固定され、第四紀の二酸化炭素濃度は200～300ppmvに安定してきました。

二つ目の質問ですが、日本列島の第四紀に絶滅した代表的な動物には象と狼がいます。象が絶滅したのは、人間の狩猟圧によるものだし、狼は軍馬増産に対する害獣として硫酸ストリキニーネで毒殺された記録があります。人為的な手段以外で、過去10万年間の気候変動の中で日本から絶滅した大型動物はいません。

質問2　しかし、実際には数が減っている動物もいますよね。それは温暖化の影響ではないのですか。別の要因とお考えなのですか。

大嶋　生態学的には単一種が増加するよりも、固有の多様な種が再生する事が大切なのだとされています。自然環境の回復に伴って個体数は減少しても、種数が増加してきました。外来種を放す行為の方が、野生生物種の保全に危険と考えています。

質問3　先程の話を要約しますと、二酸化炭素というのは地球温暖化には影響をしていないと言うような結論であるとお伺いしてよろしいでしょうか。一方、茨城大学の三村先生は、この100年を見ると平均気温の上昇は、人間の生活から出てくる炭酸ガスの影響によって急速に温暖化が進んでいると述べられておるのですけども、その辺で先生とは違うかと思うのですが、ご見解はいかがでしょうか。

大嶋　大都市および工業地帯では、二酸化炭素濃度と温暖化とは対応しているようです。しかし、室蘭・瀬棚・室戸岬などの気象庁観測データでは、1930～60年の平均気温と、1960～90年の平均気温とを比較すると、気温は低下しています。日本の人口分布が極端に変化し、人口の密集する百万都市では、ヒートアイランド化によって気温は上昇しています。大量のエネルギー消費によって、熱を放出しているのだから当然です。確認したいのは、日本の産業は世界のエネルギー5%以下の消費で、世界の10%以上の工業生産を行っています。日本の生産技術が世界標準となれば、現在でも世界の二酸化炭素排出量は半減します。50年後の人口8千万人の日本には、二酸化炭素排出量削減問題は存在しません。

質問3　私は、個人個人が、二酸化炭素削減に貢献するということがとても大事だと思いますので、そちらの方を優先します。

熊沢　気象データの取り方ですとか、大嶋先生の発表は、挑戦的な言い方があるのですが、先生自身も、省エネを奨励されているのですね。大嶋先生の話の一部だけを聞くと、省エネルギーには意味がないと思ってしまうのではないでしょうか。これは大嶋先生のお考えの本意ではないと思います。

まとめになるかどうか分かりませんが、水俣の元市長の吉井さんが当初「水銀は危なくない。水俣病は水銀の影響ではない」と何人もの学者が主張したとお話されていました。吉井さんは、その国策に迎合したような主張に対して怒っておられました。その時思ったのは、国策を否定すると研究費が減らされる、ということが背景にあるのだと思いました。このような背景では、研究費のためにうまく立ち回る人も出てきます。だから、炭酸ガスによって引き起こされる温暖化が危険だという仮説があるのですが、その仮説が主流になると温暖化は起こらないと言う研究には、予算が配分されなくなります。また、マスコミにも炭酸ガスによる温暖化説を疑いもなく受け入れてしまっている人が多いような気がします。そのような場合には、炭酸ガスでは温暖化しないという報告をしてもマスコミには取り上げられなくなります。大嶋先生は引退しているからいいけども、今の若い人は、研究費の確保が問題です。だから、流行に乗り遅れないように考える人もいるでしょう。でも、流行する学説が必ずしも真実ではないという場合もあるのです。もちろん、様々な研究の積み重ねから、炭酸ガスによる地球温暖化を危惧されている真摯な研究者も多いと思います。私はそのような真摯な研究者の存在とその研究の積み重ねを否定するつもりでは決してありません。しかし一方では、流行や国策といった流れには逆らえないような風潮もあると思います。どこかの村で「原子力推進は国策である故に、地方自治体の首長が国策を否定することは出来ない。国策を否定することは国賊である。」との主張をしたとの報道がありました。「学会の主流だ。国策である。」という言葉のみで自由な議論を封じ込めることは、真摯に学問を行っている人の努力や原子力の安全のために必死に働いている技術者の努力を無にすることにもなりかねません。真実の解明は事実の積み重ねからと、大嶋先生が話されていましたが、流行の地球温暖化を批判的な目で、根本から考えることも必要かと思います。また、主張が異なっていても、相互に尊敬し、それぞれの考えを自由に議論できる民主的な社会の確立が重要と思います。

Ⅲ　リスクと防災

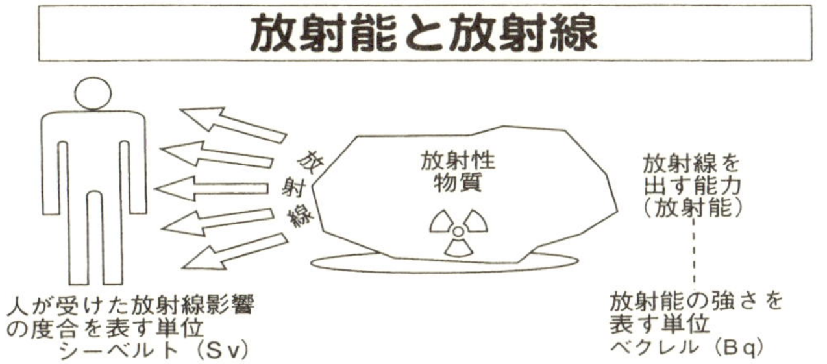

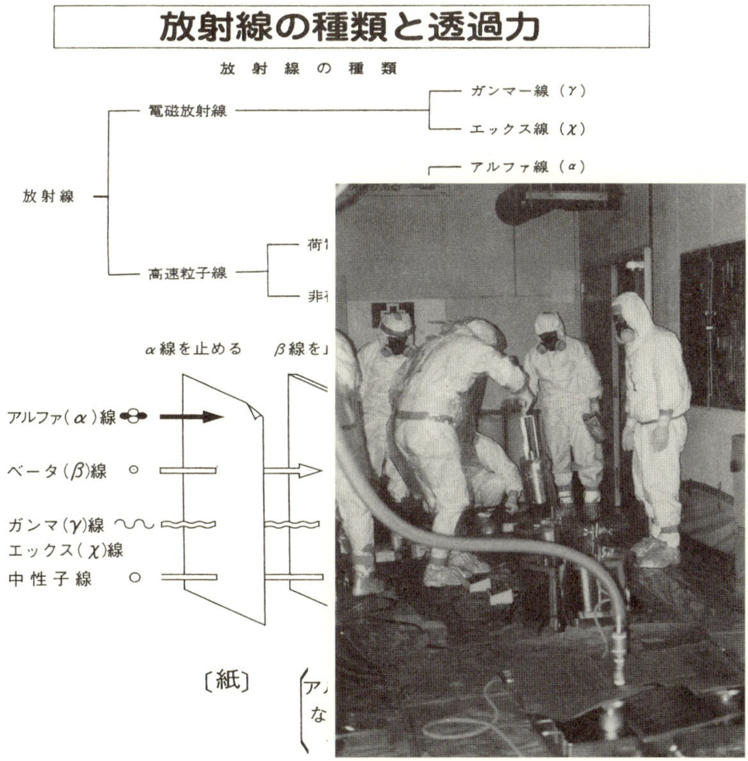

『核燃料加工施設臨界事故の記録』茨城県生活環境部原子力安全対策課，平成 12 年 9 月

（下右）「沈殿槽からの溶液抜取り作業」

Ⅲ－1　環境放射線と健康

茨城大学評価室教授　田切　美智雄

熊沢　茨城大学評価室教授　田切美智雄先生に講義をお願いします。田切先生は、理学部で長年、地質学を基盤とした教育研究を行われてきました。今年から評価室の方に移られました。JCO 事故以来、東海村周辺の土壌を丹念に調査されておられます。放射線についての基本的な知識と合わせて調査結果もお話しいただけると思います。

それでは、先生、よろしくお願いいたします。

講義の構成

田切　田切と言います。去年までは理学部の地球科学というところで、岩石とか地質とかを専門にやっていました。地質といいましてもいろいろと幅が広いのですが、私は環境科学的な地質をやっておりましたので、JCO 事故があったときに、急いで駆けつけて環境放射線の測定などをやりながら、だんだんのめり込んでいって、しばらく後始末の研究をやったということです。

多分に、放射線や放射能の授業は、あまり大学の中でも、余程の専門でないと受けることがないと思います。これだけ放射線の問題があるにもかかわらず、教育や授業の中では、きっちりと取り上げてこなかったということがあります。そういう意味では、教える方の先生の責任というのもあるのですが、そうも言っていられませんし、茨城県はある意味、特別な所でもありますので、この辺の話、非常に基礎的でありますので、一般の方も知っておくべきところをターゲットにしながら話をさせていただきたいと思っています。タイトルは「環境放射線と健康」ということですけど、全体構成は 3 部構成になっております。最初に、放射線の発生、放射線というのはなんだという基本的な話をしたいと思います。理系、工学系の学生さんならば、常識的には知ってないといけないことですけれども、意外と知らないのです。文系の学生さんだったら難しく、一般の方だったら益々わからないということだと思います。二番目に、放射線と健康について、三番目に、東海村とひたちなか市の環境放射線の今の状況というものを、どう考えたらいいかというお話をさせてもらいたいと思います。

環境放射線を知っておかなければならない背景

講義の背景についてですが、東海村は、昭和30年代から、Ⅳ－1で齋藤充弘先生が指摘されるように原子力施設が集中している区域です。国の施策だったり、県の施策だったり、地域の施策だったりしています。そして集中して設置されてきましたけれども、実際上は、何度も事故を起こしています。事故がゼロということはありませんでした。特に大きかったのが、1999年のJCOの臨界事故です。実際に、放射性物質は事故の度に、何らかの形で放出されています。放出されているのだけれども、じゃあ、どうだったのかということに関しては、大抵は影響がありませんでしたという報告が流れて、多くの場合におしまいという状況になっていると思います。それから、二つ目ですが、原子力施設の外の一般環境というのは、放射性物質で汚染されているのかいないのかということが、非常に重要な問題になります。原子力施設が設置されてから、だいたい40年から50年近くなるのですが、ずっと稼働してきておりまして、何回か大きくはないけれども事故があって、そういう事故の中で、この非常に特殊な東海村やひたちなか市は、放射線という視点で見た環境がどうなっているかということを誰も議論したことはない。たいていの現場の行政の方々は、測ったら出てましたよということで終わりになるのです。それはそれでハッピーだけれども、では一般環境として、市民のレベルから考えたときは、どうなのかということが、やっぱりよくわからなくて、これは心配すると心配になるばかりなのですね。それから三つ目。これも非常に大きな問題ですね。ずっと稼働していますと、使っている原子炉は古くなっていくわけです。原子力施設も古くなっていきます。そうすると解体されるわけです。解体すると、原子炉のゴミがいっぱい出るのです。要するに、放射性物質に汚染されたものがたくさん出てきて、それを運搬処分するわけです。そうなったときに、具体的に、今の環境と、解体していろいろ運んだ後の環境と、現実にどう変化したのかということをきちんと押さえないといけないのだけれども、これは、どうも、どこがどうやっているのかわからない。特に、大学の方からの目、第三者からの目で見ているとどうもよくわからない。大丈夫です、大丈夫ですというだけで、誰が納得するのかなということがありますから、その辺のところも背景になっております。すでに、原子炉は解体されていますし、これから、どんどん解体が増えていくわけです。それから、四番目です。今後、環境汚染が起こるのか起こらないのか、健康への影響はどうなのかということが、やはり、東海村に住んでいたり、原子力施設関係で仕事をしている人たち、それから、それに関わる行政の人達も皆心配なわけです。全く心配がないということは全くないのです。こういうことが講義の背景にあるわけです。

放射線についての基礎知識

一番最初に、放射線というのはどうして発生するのかということからお話をしないといけません。これは物理学の世界なので、非常に難しい。難しいことを簡単に説明しなければいけない。大抵は原子核の話をするのです。図

核分裂

原子核に中性子が当たると核が分裂し、2個以上の別の原子を生成すると共に中性子を放出する。
天然の核分裂物質はウラン235（天然）ウランの0.7%で、大部分はウランのみで、人工的に生成されるものとして、プルトニウム239等がある。

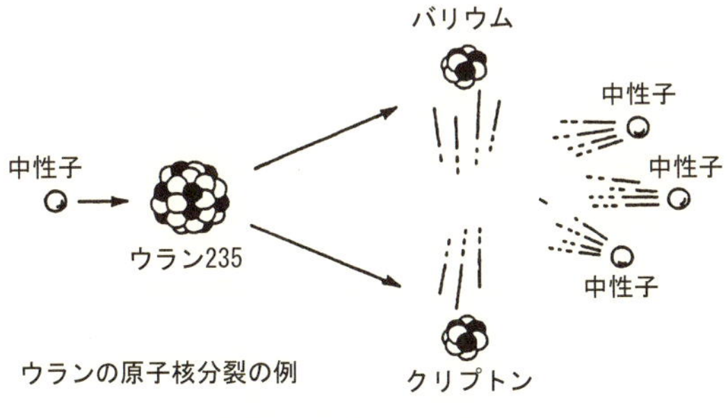

ウランの原子核分裂の例

図Ⅲ－1－1

Ⅲ－１－１に原子核を示しました。原子は中心にある原子核とそのまわりを回っている電子からできています。白玉と黒玉がまとまっているのは原子核です。原子核は非常に小さくて、電子の軌道の大きさからすると、すごく小さいのです。原子の全体の大きさを東京ドームくらいだと仮定すると、原子核は１円玉の大きさなのです。その１円玉の中に、原子のほとんどすべての重さが入っているのです。原子核の中に白玉と黒玉がありますが、これは陽子と中性子という二つの性質の違う粒子です。これが関係するのが放射線、放射能というものになるのです。

ただ、実際上、すべての物質は原子核を持っていますが、放射線を出すものと放射線を出さないものとがあるのです。放射線を出すものを放射性物質といい、放射線を出さないものを非放射性物質というのです。放射線を出すものはある特別な構造をしていまして、非常に壊れやすいのです。例えば、ウラン235というのを例に出すと、非常に壊れやすい放射性元素で、発電したりするときに使われますし、核兵器なんかに使われる元素でもあるわけです。壊れ方は何種類もあり、一通りではないのです。だけど、何らかの形で壊れる時に放射線が出るのです。だから、壊れやすい原子は放射線を出すということです。壊れにくい原子は放射線を出さない。普通は放射線を出さない原子で出来上がっています。放射線を出す原子は非常に少なくて、普通は皆出さないのです。我々の身体を作っている原子も基本的には放射性元素ではありません。もし、放射性元素だと人間の体は放射能を帯びてしまいますので、そんなことは起こらないのです。大量の原子核が二つに分裂して大量の放射線が出る場合と、少しずつ分裂して少量の放射線を出していく場合と、いろいろな場合があって、放射性物質は常に放射線を出しているという状況なのです。壊れるという能力をもっている、つまり、壊れやすい元素は放射線を出す能力、放射能を持っている、となります。放射能と放射線という言葉には違いがあって、放射線を出す能力を持っている物質、原子のことを放射能があるというふうに言うのです。基本的に原子力で扱うのは放射能を持つ物質です。

このように、核が分裂したり、放射線を出したりしながら、原子はどんどん壊れていくのですけれども、実際の放射線はだんだん弱くなっていくのです。例えば、ある放射性物質があったときに、放射線をいつでも同じ強さで出して

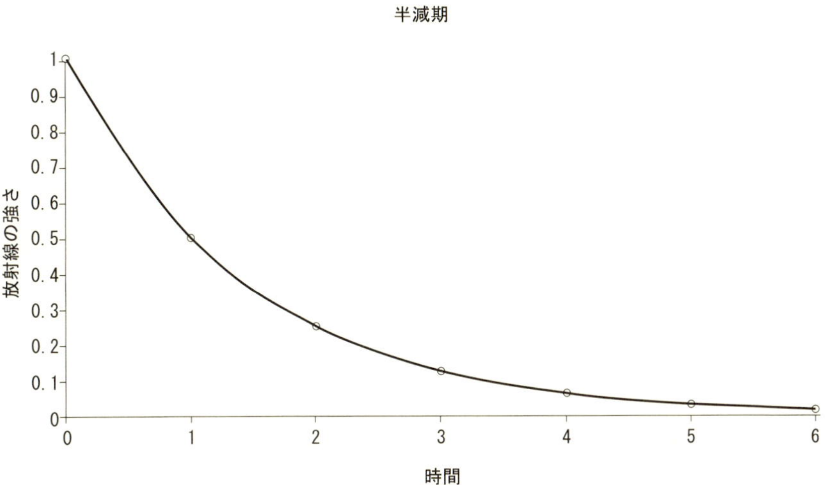

図Ⅲ－1－2

いるかというと、どんどん弱くなっていくのです。放射性物質も時間とともにどんどん減っていくのです。この減っていく関係を示したのが図Ⅲ－1－2で、横軸が時間で、縦軸が放射線の強さです。放射線の強さと書いてありますけれども、このようにどんどん減っていくのです。半分半分半分というふうに減っていて、半減期という名前がついていますけども、このような減り方をします。この減り方は元素ごとに早さが皆違うのです。非常に速く減ってしまう元素もあれば、非常に長くとんでもない長さ、ウラン 238 だとか、プルトニウム 239 というのも長いのですが、ウラン 238 は 45 億年もかかるのです。ヨウ素 31 は 8 日間で壊れてしまうのです。実際は、いろんな物質ができていて、早く放射線がなくなってしまうものも、長いこと強い放射線でいるのもあるということです。ここが、一番先に考えなければならないことなのです。非常に大事なことで、例えば事故が起こった時でも、出てきた元素の壊れていく時間で被害の広さが変わるのです。早く壊れてしまう元素、8 日間くらいで壊れてしまう元素が出れば、1 週間くらいどこかに滞在していれば、被害が少なくて済むわけです。

二番目に、放射線の強さはどうなるかということを基本的に知っておく必要があります。放射線の強さとは光が届くのと同じです。光はどうなっているかというと、距離の二乗に反比例して弱くなります。つまり、1メートルの所の光と10メートルの所の光で見ると、1メートルの所の光を1とすると、10メートル離れた所の光は、10の二乗ですから、100分の1の強さになるのです。放射線も同じなのです。近いところにいれば、放射線を強く浴びてしまうけれども、より遠くに離れれば離れる程、放射線を浴びる量はグンと少なくなるということです。距離の二乗に反比例するということなので、ここも重要なことを言っているわけです。こういう基本的知識が、一番最初になければいけないのです。だからこそ、齋藤先生の話にもありましたけれども、原子力施設が本来ならば住居とくっついてない方がいいのです。何かあったときに、住居との距離があればある程、安全性が高くなるわけです。残念ながら東海村の場合には、近接の所に住居があるわけで、その関係がうまく取れないのです。だからここのところは非常に重要な問題なのです。

もう一つは、放射線の測り方です。これは大変難しいです。物差しで測るようなわけにはいかないのです。図Ⅲ－1－3にも示しましたが、単位としてベクレルとシーベルトとグレイという単位があります。この三つの単位で基本的に測られるのです。一般の人には言われても何だかわからない。ただ数値だけが見えていて、たくさん放射線があると数値が高いというだけになってしまうのですけれども、いずれにしても、これは測るのが大変難しいのです。実際に測ろうとしたら、専門家でなければ測れません。しかも、専門家が専門的な機械を持ってきて、ようやく測れるという状況になります。例えば、ベクレルというのは、放射能そのものの強さを表します。つまり、どのくらい強い放射線を出すかということを表しているのがベクレルです。そして、実際に放射線を受けていて、物質が放射線を吸収するエネルギーを表しているのがグレイという単位です。例えば、電子レンジや電子調理器などがありますけれども、それが食物に当たってどのくらい加熱されるかという割合を表しているのがグレイです。同じように、人への影響を表しているのがシーベルトです。単位も意味合いも違うのです。だからこそ、一般の人には分かりにくいのです。なんかごまかされたような感じがするのです。どちらも大事なことは、数値が大きければ放射線が高いのです。一般市民の人たちが知るべきことは、ここにあるシーベルトです。これが、重要なのです。どうしてかというと、人体に関わること

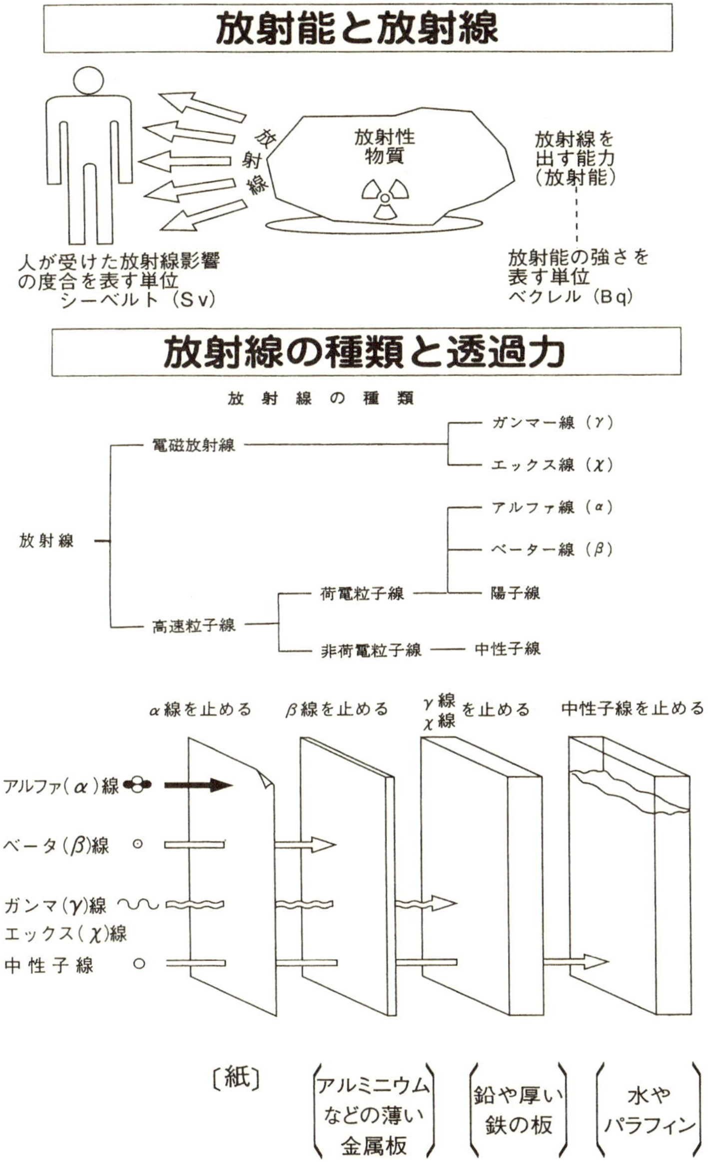

図Ⅲ－1－3

出所）茨城県生活環境部原子力安全対策課『核燃料加工施設臨海事故の記録』平成12年9月。

だからです。今日の話もこれに関わってきます。健康の話だからこれで十分です。法律もかなりのものが人の健康に関わるものだから、シーベルトで書いてあります。JCOの時の有名な話は、中性子線をうまく測れなかったということがあるのです。これは、技術者がいないとうまく測れないからです。

もう一つあります。先程の放射線は一つのものを測っているような気がしますが、図Ⅲ－1－3に示す様に、放射線は4種類もあるのです。アルファ線、ベータ線、ガンマ線、中性子線です。これは全部放射線なのです。しかも全部測り方が違うのです。先程、測り方の単位が三つあったのだけれども、4種類の放射線について、この三つが全部違うというようなことになるから、普通の人は覚えられないということになるのです。だけど、普通の人は、4種類があるということだけでも覚えておいて欲しいのです。放射線の4種類は、同じ放射線でも皆性質が違うのです。人の健康に関することもまるで違うのです。非常に難しいということになります。茨城県が発行したハンドブックをもとに説明します。人の健康が大事ですから、人の周囲で放射線が発生したときに、どうやったらこの放射線を防護できるかという視点で説明が書いてあります（図Ⅲ－1－3）。

アルファ線は、プラスの電気をもった重い粒子と書いてありますけれども、これは、原子の塊みたいなものなのです。少し大きいのです。空気中で数cm程度飛ぶと止まってしまう。紙でも止められます。人間の体から防ごうとすると、少し厚めの紙を用意するとか、例えば、光を遮るものでもいいから、そういうものをやっておくと、アルファ線は防護できそうです。ただし、これも強ければダメなんですよ。アルファ線の一番強いのは宇宙線です。我々の周りは空気があるから、まず見ることがありません。

次は、ベータ線です。マイナスの電気をもった軽い粒子と書いてありますが、これは電気みたいなものです。電気が流れるところに当たると流れていってしまいます。空気中で数メートル飛ぶと止まりますと書いてあります。アルミ板程度で遮ることができます。ベータ線は比較的遮りやすいということになります。

ガンマ線は、電磁線といいます。光や電波と同じような性質で、波なのです。代表的なのがX線です。これは非常に頻繁に出てくるもので、しかも鉛板や厚い鉄板で遮ることができる程度で、なかなか遮るのが難しいのです。その証拠に、我々はX線を使って体を撮ることができるのです。

中性子線は、電気を持たない中性の粒子とあります。図Ⅲ－1－1に示した白い玉の方です。これは原子核を作っているものなので、相当小さいものです。通り抜けてしまうという性質があって、物質を透過する能力がものすごく強いのです。コンクリートや水で遮ることができます。JCOで飛んだのは、この線です。

これを理解した上で、何かが起こった時、どうしたらいいのかを考える必要があります。普通の原子力施設での事故で出るのは、だいたいはガンマ線です。ただし、今回のJCOでは中性子線です。

（測定器を示して）これは、放射線を測るものです。シンチレーションカウンターと言います。音が出ていますね。放射線が高いと音がだんだん大きくなります。この測定器は、ガンマ線だけ測っています。我々は標本をたくさん持っていまして、放射性物質の標本もあります。常に放射線というのは出ていて、もしかすると我々の周りには、放射線の強いのがあるのかもしれません。放射線を扱っている人は、放射線は怖いものである、危険なものであるということは、本来きちんとわかっていないといけない。わかっているはずなのです。危険なものが我々の周りにもあるということを忘れてはいけないのです。忘れてしまうと何かが起こってしまうのです。

放射線と健康

次の問題は、放射線と健康の関係というのも整理しておかなければいけないということです。放射線は1種類ではないので、全部同じように話はできないのです。だけれども、これからお話するのは、1種類だけだと思ってください。同じに考えてはいけないんですけれども、どの説明も、放射線は1種類であるという感覚で作られているのです。問題は、放射線を受けた時に、人体にどういう影響があるかということです。これがあるからこそ、放射性物質を扱うことに注意をしなければいけないのです。原子力施設も十分に安全性を考えてやらなければいけないのです。

図Ⅲ－1－4を見てください。まず、放射線を受けるということを被曝とい

■放射線が身体に及ぼす影響

事故などにより一度にたくさんの放射線を受けた場合は、体に深刻なダメージを与えることになります。

放射線が及ぼす影響には、身体的影響と遺伝的影響の2種類があります。さらに身体的影響には、放射線を受けた直後に現れる早期影響・急性障害（脱毛、発熱、下痢脱水、けいれんなど）と、数年後から数十年後に現れる晩発影響（白血病、白内障など）があります。また遺伝的影響とは、子孫に影響が出ることをいいますが、人体に対する遺伝的影響と放射線の因果関係については、まだ詳しく報告されていません。

放射線量と急性の放射線影響

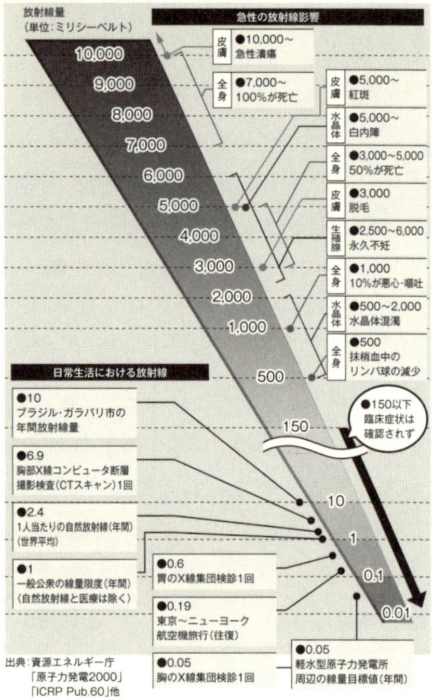

放射線影響の分類

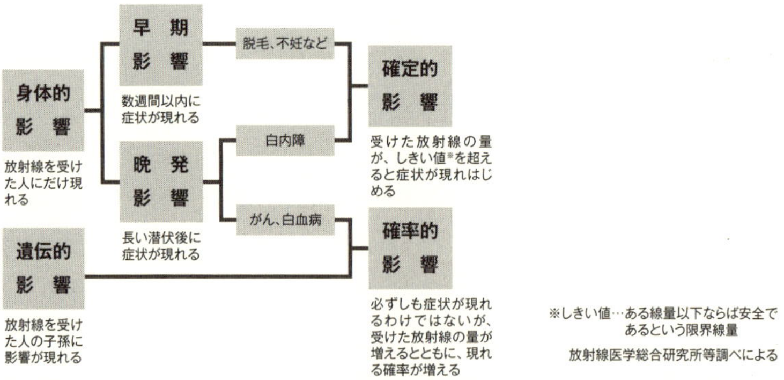

図Ⅲ－1－4

出所）　茨城県生活環境部原子力安全対策課『原子力ハンドブック』平成13年3月。

います。被曝をすると、大きく分けて二つの影響を受けます。一つは、急激に影響を受けてしまう。つまり、火傷をするとか、目が見えなくなるとか、嘔吐するとか、即死してしまう人もいます。これを急性といいます。つまり、すぐに影響が現れるということです。これは、確定的影響という言い方もされます。もう一つは、晩発というような言い方をされまして、確率的影響という言い方もされます。これは後から起こってくるという影響です。つまり、放射線を一定量を浴びたのだけれど、すぐには何も起こらず、健康上、害になったのか害にならなかったのかわからないのです。そのうち何かが起きるかもしれないというのがこちら側です。放射線障害の一つの怖さは、確率的影響にあります。

もう一つ、しきい線量があります。これは一体何か。横軸に放射線の強さをとります。縦軸に健康への影響の現れる度合いをとります。被曝量がある量を超えると、突然、急性の障害が現れます。つまり、明らかに自分は不健康であるということが分かります。ちょうど境目の所に、しきい線量というのがあります。しきい値と呼びます。あるところから、段々脱毛がしたり、目まいがしたりしてきます。何かが起きるらしいという境目のところをしきい値と呼びます。これは、経験値として取られるわけです。例えば、有毒物質はどれだけ摂ったら毒になるかということです。または、薬を服用するときに、体重 50kg の人が何 g まで大丈夫というようなことと同じようなことです。それをしきい値といいます。そこまでは飲んでもいいのだけれど、それ以上飲むと、健康ではなく害になるということです。アルコールも同じです。確率的影響にはこれがないのです。放射線をしきい値より弱くします。その時に影響が現れるのは、自然発生率になります。それを超え始めると、しきい値になるわけです。ある一定を超えるとだんだんに何かがおかしいと分かってきます。問題は、放射線が段々少なくなるけれども、影響はあるよというここが重要なのです。これが、しかも、後から出てくる影響の領域なのです。これが一般の者には分かりにくい。お医者さんにも分かりにくいのです。しかし、現実問題として、出てくる可能性があるのです。これが確率的影響で、つまり、ここの中で癌の発生率などが上がってくる可能性があるというふうに考えているからこそ、放射線による障害というのはかなり怖いということになります。だから、皆さん心配されるのです。はっきりと目に見えるのと、見えないのとは、不安がまるで違いますからね。

確率的影響の場合にも、容認できるレベルが一番下のところに書いてあります。これが、何だろうかということです。これは、世界の保健機構などで調べられてきまして、全体像を表すと図Ⅲ－1－4のようになっています。これもいろいろな所に書かれている図です。これはどうなっているかというと、下が放射線の少ない方、上にいく程、放射線が高くなります。この単位は何かというと、ミリシーベルトという単位で書いてあります。1シーベルトの1000分の1が、1ミリシーベルトです。日常生活における放射線には自然放射線と人工的に受ける放射線があります。自然放射線は自然に生活しているだけで受けてしまうという放射線です。世界の平均は、2.4ミリシーベルトと書いてあります。実際に、ブラジルというところは、高い自然放射線を受けます。1年間に平均で10ミリシーベルト。世界の中では、5倍というところがあるということが言えます。日本でも同じです。東北地方は、平均値の何分の1かです。ところが、西日本、特に、中国地方にいくと高くなります。自然放射線の内容は、宇宙から0.38ミリシーベルト、これは宇宙線です。宇宙線は何かといいますと、太陽から来る風です。太陽風と呼ばれますけど、向こうから粒子が降ってくるのです。宇宙線も放射線ですから、人工衛星に乗る人は大変なのです。それから、土からは0.46です。これも土地によって違うのです。東北はとても低くなりますが、中国地方は高くなります。食べ物からも0.24もらっています。

人工放射線は、原子力や医療に使う放射線などを浴びる部分です。先程のしきい値の問題から、ここまでは大丈夫だろうというのが決められています。1年間で1ミリシーベルトは大丈夫だと決められています。我々が一般的に関わるのがX線です。CTスキャンをすると6.9ミリシーベルトです。低い方は、胃の集団検診で0.6、胸のX線集団検診は0.05です。昔はフィルムの感度が悪かったのでこれの10倍くらいだったのですが、今は非常に機械が良くなっていますので、だんだん下がってきました。このように、放射線の強さというのは、決まっているのだけれども、なかなか簡単にどのくらい受けたのかということがわからないわけです。この前のJCO臨界事故の時も、実際に放射線をどれだけ受けたかというのは、推定値でしかないのです。図の上の方には急性の障害が起きる放射線量が示されています。全身被曝で7000ミリシーベルトを受けると100％が死亡するとなっており、JCO事故で亡くなったお二人はこれ以上の放射線を被曝したと思われます。

東海村周辺の環境放射線の測定と結果

環境放射線を何とかして知りたいということがあります。原子力施設を作った当時は、あまりこういうことは考えなかったと思うのです。つまり、原子力施設を動かした時、その先のことまでは考えなかった。そのうち何とかなるだろうというところが多かったと思うのです。だけどもやっているうちに、だんだん問題が大きくなっていくわけです。つまり、放射性物質を時々放出してしまったりするわけです。放射性廃棄物が貯まってくるし、さてこれからどうしたらいいか。原子炉を止めてやっていけるかというとそうでもないし、どうしたらいいかということになるわけです。

まず、昭和30年代から原子力施設があるわけですけれども、環境調査報告というものがきちんとあるかどうかと言いますと、公表されているものがなかなか手に入らない。実際には、その都度測った計測値はあるのですけれども、報告があるだけで、結果は、環境汚染はありませんよということだけです。信用してもいいわけですけども、どう変わったということが何も示されていないのです。つまり、原子力施設を設置する前と、設置して年数がたった後とで、環境の放射線がどう変わったのかということを知りたいわけです。特に、そこで農業をしていたり、住んでいる人には重要なわけです。きちんとデータとして示してあげなければいけないわけです。国でも、基本的に汚染がないということになっています。ただし、放射性物質が飛んでいるのですよ。

もう一つあります。環境放射線の研究では、地盤の調査によって環境放射線が違いますよと。つまり、そこにどういうものがあるのかということです。火山灰があるのか、御影石があるのかによって変わります。そこはきちんと押さえられているのかなということがあります。住民レベルでも、そこは知っておかないといけないということです。今度は、大地。土の放射線です。これを研究しましょうということです。しかし一つだけ問題があります。我々は原子力施設ができる前のデータを持っていないのです。東海村からひたちなか市にかけてのデータを持っていないのです。類推しなければならないという状況があります。土がどう変わったかということによって、放射線が変わってくるのです。もう一つ、土が大事だということが何かと申しますと、放射性物質というのは、液体や気体もあるけれども、粒子で飛んでくるものもあります。そういうものが土に落ちてくると土の中に潜りこんでいるはずです。雨や風の影響もあるけれども、土の中にあるものもあります。土壌の分布と放射線の関係を調べてみましょうということです。求めた結果どういう関係が見えるのかということです。

東海村周辺の土壌の特性

大事なのは、環境放射線のバックグラウンドを求めることです。つまり、元々のレベルがどうだったのかということです。今のレベルだけでも、とりあえず知りましょうよということです。調査している地域は、原子力施設があるところです。図Ⅲ－1－5の上の方が久慈川です。図の下の方が、那珂川です。下半分はひたちなか市で上半分が東海村です。北西部が那珂町になります。常磐線と国道6号線が通っています。私は地質が専門なので、土壌を調べるのは得意なのです。原子力施設は、砂の上に立っているのです。東の縁は、ひたち海浜公園です。火力発電所もあります。このあたりはずっと砂丘なのです。それ以外は大地で段丘なのです。これが土壌の基本分布なのです。これをもとにして考えましょう。土壌を分析します。これは、地球科学としてお手のもんですからやりました。土壌の特徴は稲田石と比べてどのくらい組成が違うかでみることができます。先程も、稲田石、見せましたよね。タイプ3は、稲田石とかなり近いやつです。那珂台地の上の土は、三つぐらいにわかれています。これをどうやって作っているかと言いますと、この地域を500mのメッシュで切る。つまり、500mの間隔で土を取ってくるのです。卒業研究の学生さんが一生懸命やってくれたのです。土の特徴が三つに分かれたのです。タイプ3は御影石に近いやつです。タイプ2は、稲田の花崗岩と違うものです。調べてみると、よく分かりまして、那珂台地とは、一番上に火山灰が積もっているのです。関東ローム層です。東の縁は砂丘です。関東ローム層と砂がまざっ

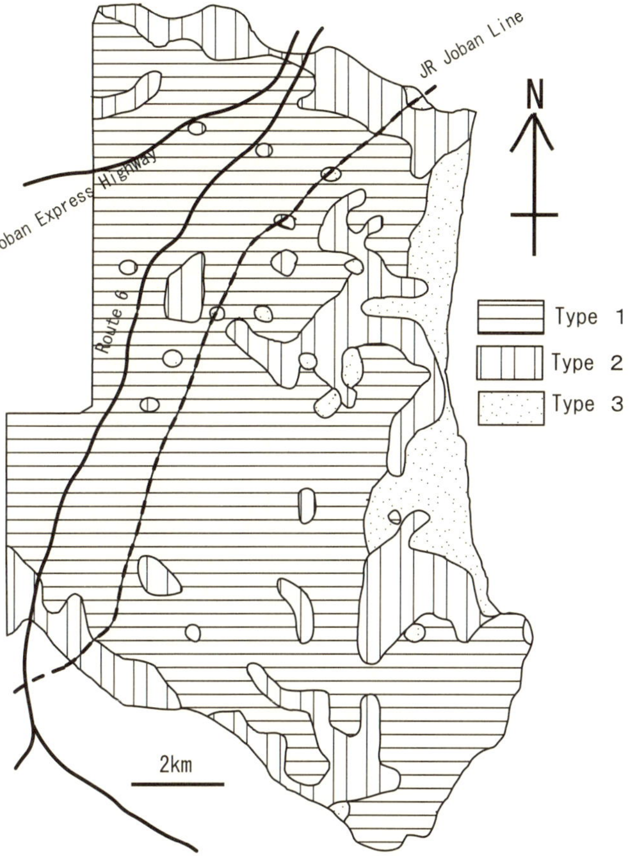

図Ⅲ－1－5
出所）神賀　誠・田切美智雄（2003）『地質雑』109，533-547より引用。

たものです。こういう単純な関係です。人間がいろいろと手を加えていたのですが、土はほとんど変わっていなかったのです。それを分布で示すと、図Ⅲ－1－5 になるわけです。

東海村周辺の土壌ガンマ線

同時に、ここで土のガンマ線を測るのです。図Ⅲ－1－6の斜格子のところが強いところで、点々の印のところが一番弱いところです。縦縞と横縞は中間

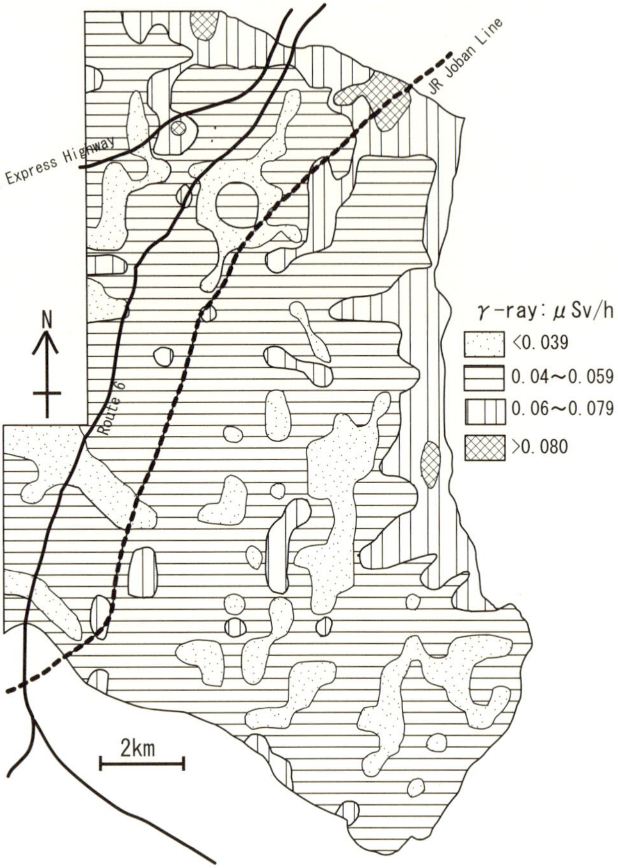

図Ⅲ－1－6

出所）　図Ⅲ－1－5と同じ。

です。図Ⅲ－1－6はこの地域のガンマ線の分布図です。東の縁に強い所がありますけれども、理由がはっきりしています。これは、稲田の御影石とほとんど同じような状況なのです。砂なのです。だからガンマ線が強いのです。北縁の強い所は久慈川です。上流側に御影石がたくさん出ています。そこを削って運ばれてきていますから、砂が溜まってきました。不思議なことに那珂川の方は強くはならないのです。那珂川流域には御影石がないのです。この上流は那須火山なので、この流域は火山灰なのです。元々の状況で推移して来ているなということが分かります。図Ⅲ－1－5とⅢ－1－6で2枚は大体対応しますが、久慈川河岸と那珂川河岸だけが違うのです。

そうは言っても、もう少し厳密に検査することにしました。カリウムは植物の3要素になる元素ですけれども、カリウムの量とガンマ線の量を比較することにしました。これは、自然現象の中でカリウムを持っている物質に放射性物質が多いためです。だから、これと相関するだろうということでとったのです。大体、相関しました。環境放射線としては低いガンマ線が見えています。気になるところは、3点ありますけども、特殊なところにあって、これは少し気になっております。

もう一つ作っております。ルビジウム元素とガンマ線の量の比較です。カリウムと同族の元素で、これも放射性物質と相関するだろうということで比較しました。それなりの相関性をもっております。ちなみに、2点の特異点は、那珂市の方にある那珂研究所の方です。この時は、研究所も民家もすべて入らせていただいて調査をしました。那珂研究所のような所は、特別な所ですから、やはり少し気になるということです。ただし、事情がありまして、建設するのに地面を相当ひっくり返しているのです。そのようなこともあり、事情がよくわからないのですが、この2点が異常なのです。3点目の異常は、核燃料サイクル機構の所で、完全に砂丘のど真ん中です。だから、もしかすると、砂丘の影響かもしれません。いわゆる、このようなグラフが書けるか書けないか、バックグラウンドが作れるかということなのです。これが、10年後、20年後にも調査をして調べていく必要があります。しかし、原子力施設はたくさんあるけれども、このような調査がされていないのが現状です。例えば、六ヶ所村には原子力施設がたくさんあるのですけれども、このような調査がされているという話は、私は聞いていません。国として、もし原子力産業を維持して原子力政策を進めるのであるならば、こういうバックグラウンド環境をきちんと押さえて住民に対してしっかりした説明をするということが大事なわけです。それで、現状では大丈夫ですよということです。しかし、何かが起こった時はすぐに調査をする必要があります。そして、住民や行政は、放射線に対する意識を持つことです。放射線監視をきちんとすることです。継続性が必要なのです。

今日の話の結論ですけども、すべての測定値点で、ガンマ線が日本花崗岩類の放射線平均値や一般の放射線量限度を超える地点はないと言うことです。調べてみてはっきり分かりました。たとえJCO臨界事故があっても、それは起こっていません。環境放射線の状況はどうかというと、ガンマ線量は久慈川の沖積層や川の堆積物で高くなっていても、二つの川による地質の反映だということです。高い値が出たからといって大騒ぎはしないで欲しいということです。那珂台地の土壌は主成分化学組成の特徴から三つに分けることができました。タイプ1から3にかけて花崗岩の組成に近づくように、それぞれの性格付けができるということです。環境放射線の分布は土壌タイプの分布と非常に似ています。カリウムの含有量やルビジウムの含有量とガンマ線強度によい相関がありまして、これらの結果は、地域の環境放射線は自然放射線のものであるということです。ただし、わずかに放射線量が高い地点もありました。その原因は不明です。これらの地点が原子力施設内にあるから、今後、厳密に調査をする必要もあります。

この研究というのは、この地域だけで得られたものであって、他の地域には兼用できません。それぞれのところで施設に任せてもいいですけども、周辺の大学でこのようなことを調べておくと、お互いに理解をし合うことができ、それが大事ではないかと思うのです。お互いに、反目し合わないで理解をしあうということが大切です。

このような研究をしていくのにたくさんの方に協力をいただいております。

質問1　よく分かりました。

自然界で御影石が放射能が高いということですけども、自然界で高いものというのは、他にはどういうものが見られるのですか。

田切　一番高いものは御影石関係のものです。特に、御影石の中で放射性物質が集まりやすいものをもっているものがあるのです。例えば、福島県の石川は放射性物質を集めてしまい高くなっているというところがあります。そういうところが一番強くなります。比較的古い石は強いです。

質問 2　一般の人間として聞かせていただきました。

非常に分かりやすかったのですが、一つの放射線が危ないとかではなく、それを浴びる量などが重要ということが分かりました。ある本で、実際自分の体にも放射線がたくさん入っている。数値的に言うと、6000 ベクレルと書いてありましたが、常に、どのくらい入っているかを考えながら生活をしていかなければならないと思いました。これは感想でございます。

もう 1 点、質問です。六ヶ所村ですが、当然原子力を作るにあたって環境モニタリングというのをやっていますが、先生の話では、国はやっていないというお話だったのですが、少なくとも自治体がちゃんと施設が稼働する前に測定しているわけなのですが、具体的に先生がおっしゃる事が違うのであるならば、もう少し教えていただきたいのです。

田切　おっしゃる通りで、国や自治体がやるのは基準値に対してオーバーかアンダーかという判定だけで測るのです。それはそれで問題は起こらないということになるけども、そのレベルが全体の中でどの位置にあるのかということが、なかなかわからないのです。その地点がどの位置にあるのかということがわからないのです。その位置が大事なのであって、このような観点ではなかなか作っていないのです。これをバックグラウンドというのですが、このバックグラウンドを作っているところが世界的にも非常に少ないのです。結局、汚染された後にバックグラウンドを作るということになってしまうので、何がバックグラウンドかわからなくなってしまうということが起こるのです。これをしっかりやっていただきたいということです。

熊沢　先生、どうもありがとうございました。

Ⅲ－2　チェルノブイリ事故の化学処理

茨城大学工学部 准教授　熊沢　紀之

熊沢　皆さん、おはようございます。

講師の皆様の情熱と聴講している皆様の熱意が相互作用して素晴らしい講義が続いています。この様な講義の場を共有できて学生さん達は本当に幸せだなあと思います。

皆さんが協力をして一生懸命やってくださっていますので、茨城新聞の朝刊に、「東海村で茨城大学共催講座に学生や村民、原子力と地域社会を探る」という記事が載りました。記事にもありますように、全国的にもユニークな講座であります。「原子力施設と地域社会」という共通のテーマで、自治体の長の人の、或いは原子力関係者の、また大学関係者のいろいろな方の生の話を聞けることは、滅多にないチャンスだと思います。これからの講義でも様々な話が聞けて勉強になるのではないかなと思います。様々な立場の方の講義を基にして、皆さんと共に原子力についての防災や東海村の将来計画を考えていけたらと思います。

私のこれからの話は、原子力防災に関して、概ね二つのテーマを話したいと思います。

私は化学が専門ですので、最初に、チェルノブイリ事故の化学処理というお話をやります。チェルノブイリ事故とは、大変な事故だったのですが、その後、化学処理、放射性物質が他に飛んでいかないための化学処理をしました。その処理というのは、日本であまり紹介されていなかったのです。

10数年前に、モスクワ大学の研究員の方が研究員として茨城大学に来ていたのです。私と同年代なのでずっと仲良くしていて、私もモスクワに何度も行きました。そのような関係で、モスクワ大学化学部の高分子学科でチェルノブイリの化学処理を計画された先生方とも、家族的なつき合いが続いています。

そういう人達から化学処理のこと聞いていたのですが、重要なことだけれど日本ではチェルノブイリ事故の重大さのみが知られていて、その後の処理に関しては、ほとんど紹介されていないなと思っていました。

1998年にチェルノブイリ事故の化学処理を発案し実行された方の一人である、モスクワ大学のZezin教授が来日されました。モスクワや日本で何度もお会いしていた方ですが、丁度良い機会だということでチェルノブイリ事故の化学処理に関してZezin教授に化学処理の方法について伺いました。翌年の99年6月に、東京化学同人の雑誌にその記事が掲載されました。その頃は、そんなに大きな事故が日本では起こらないと、安全神話が非常に華やかだったころです。万が一のために、こんな処理をしたということを残しておこうと思って書いたのです。その後3ヶ月して、JCOの事故がありました。幸いにして、放射性物質はガス状になって放出された以外は、土壌にとどまるようなものは殆ど漏れなかったので、チェルノブイリのような土壌の化学処理を行う必要は無かったわけです。

東海村の事故を視察に来られた国会議員の方から、「万が一のために書いた記事をFAXで送ってくれ」と言われました。JCO事故ではチェルノブイリの処理みたいな事をやらなくて済んだのですけど、やはり、日本でも外部へ放射性物質が放出された事故を想定して準備をしておくべきではないかなと思って、現在も研究を進めています。一番目は、その処理に関する話です。

二番目は、学生が作った防災ビデオの話をします。99年9月30日はちょうど夏休みが終わって、10月1日から授業が再開するという時でした。大学には学生達が来ていたのですが、どうしたらいいかわからないということでした。その後、文部科学省から臨界事故の総合研究について研究費が配分されました。その研究費で茨城大学の学生さんに資料整理のアルバイトをお願いしました。その学生さん達も、逃げるときにどうしたらいいかわからない、でもマニュアルがないということでした。マニュアルがないならば自分たちで作れば、とアドバイスしました。どうせ作るなら文字情報より映像情報の方が分かりやすいとのことで、学生さん達が頑張って防災ビデオを作成しました。私はアドバイスと監修を行いました。

この二つを紹介していきます。

原子力関係者への注文１　プルト君はやめて

その前に、いくつかお話させていただきたいと思います。

JCO の教訓ということで、村長さんのお話にありますように、合理化による安全の軽視、納期を急ぐ、納期を急がせるような体質があったのではないだろうか。想定外という言葉を安易に使って良いのだろうかと思います。やはり、柏崎の地震でも、揺れは想定外だったなどと言われています。ここに事業所の関係の方々がおられたら、非常に腹立たしいことを言うかも知れませんけど、プルトニウムのイメージキャラクターとして使われているプルト君に対して、私の率直な意見として言わせていただきます。

原子力関連の方というのは、安全に対して厳しく気遣いをしていると思います。プルトニウムとか危険な物質を扱われて、その管理にものすごく努力されていると思います。昨日の話でも、原子力関係者の方がエラーの起こる確率を 10 のマイナス 6 乗分の 1、つまり、100 万分の 1 に事故が起こらないように努力されているとおっしゃっていました。確かに、大変な事をされています。JCO 事故の時も忙しいのに、原子力関係者の方が PTA として地域の小学校に駆けつけて、子供たちの安全を守ったという話も聞きました。東海村では原子力関係者が地域に密着して努力されていると、私は思います。

ところが、非常に危険な物質であるプルトニウムにプルト君というキャラクターをつけているというのは、いかがなものでしょうか？　プルト君という可愛いマスコットがあって、ボールペンに付いていたりします。もちろん、原子力関係者の方々はプルトニウムの危険性は十二分に認識されて、その取り扱いにも厳密に行われていると思います。

原子力の安全なイメージを植えつけたいという一心でそういうキャラクターを作るというのは、安全軽視ととられても仕方がないでしょう。安全のために一生懸命汗を流している人たちの努力が、全部無駄になるのではないかと思います。私は、どこに行っても、このプルト君がなくなるまで言い続けます。事業者の人が聞けば、すごく腹立つことかも知れませんけれど、やはり、プルトニウムは危ないものだというように表示して欲しいです。危険な物質にプルト君という可愛いキャラクターをつけることは罪です。

原子力関係者への注文２　ナトリウムちゃんも困ります。

同じようなことに、金属ナトリウムには、ナトリウムちゃんといって、すごくかわいいリボンをつけたキャラクターが当てられています。しかし、私は化学を専門としています。金属ナトリウムは危ないです。金属ナトリウムを水に入れると、反応して水素を発生し、反応熱でその水素に火が付きます。私の知り合いの非常に優秀な学生が合成実験やっていて、あんなに賢い人が何をするのかと思うようなミスをしました。水の中に金属ナトリウムが入った溶液を捨ててしまったのです。そして爆発が起こりました。流し台が爆発をして、あわや失明かというところまで行きました。食塩の中に含まれるナトリウムイオンとは違って全く性質が違う金属ナトリウムは非常に危ない物質です。

危険な物質に対して、可愛い子供のようなキャラクターをつけてはダメだと思うのです。原子力関係の事業者の人が非常に努力されているのに、最後の最後に、そういう逆転をさせられると、一般的な市民としては、市民をバカにしているのかということになると思うのです。そういうことはやめていただきたいと思っています。プルト君とナトリウムちゃんの廃止を強くお願いします。こんなことを発言するといろいろと圧力が掛かるかも知れませんが、私はプルト君とナトリウムちゃんが無くなるまで言い続けるつもりでいます。

原子力テロに対する準備と社会的なコスト

次に、事業所の方は、事故を起こさないように努力をされています。ところが、9.11 のテロのときに、ニューヨークの貿易センタービルがあんなことになるとは、誰も思わなかった。テロの直後、アメリカ当局は何をしたかというと、原子力発電所に突っ込まれては困るということで、すごく警戒したというのが事実らしいです。日本政府もテロのことを想定して警戒しているようです。私は釣りにいきますから、海沿いのことがわかるのですが、海上保安庁の巡視艇が東海村の原子力施設の近くにずっと張り付いているのです。この前、夏に海上保安庁の職員が、巡視艇からボートを盗んで脱走したという記事がありましたよね。ずっと海上保安庁の船は、東海村の港を固めているわけです。乗組員はじっと停泊しているから、ストレスがたまる。休暇が欲しいが許可されない。だから、保安庁の小舟で脱走して捕まっていました。また、原子力研究所前には県警の機動隊のバスが常時止まって警備しています。それだけ原子力施設には社会的なコストが掛かっていることは、認識しておいた方がよいと思います。

テロに対して備えているということは、万が一の事故が起こった後の処理も考えていいのではないかと思うのです。チェルノブイリの時に化学者がどう対処したのかということを知っておくことは、大きな事故が起こったときの放射性物質の拡散防止に必要だと考えています。最初のテーマのチェルノブイリ事故の化学処理について話します。

チェルノブイリ事故の概要

チェルノブイリの事故は、どういうものだったのかについては、京都大学原子炉研究所の教員で構成されている原子力安全研究グループのホームページに詳しく述べられています。このホームページでも閲覧できる今中哲二氏の報告「チェルノブイリ事故による放射能汚染と被災者たち」（『技術と人間』1992 年 5 月号）に事故の詳細な調査報告がなされています。悲惨な事故の様子が専門家の立場で報告されています。

一方、IAEA は放射線急性障害で 30 人程度が死亡しただけだと事故を評価しました。この死者の殆どは事故直後に消火活動のために突入した消防隊員でした。しかし、事故の後、沢山人が死んでいるのにどういうことなのかという IAEA に対するすごい批判がでました。その後、IAEA の事故評価は改められたようです。

なぜ人がたくさん死んでいるのかというと、消防隊のあとに軍隊を投入して、防護処理を行ったらしいのです。若い人たちが、大将を含めて、防護服なしに、ウランや黒鉛などを手作業でバケツに集めたらしいのです。その時、若い兵士たち、ここにいる学生さん達みたいな若い人達だったらしいのです。それを見た人は、なんと恐ろしいものを収穫しているのだろうと悲しく思ったとの証言が今中氏の報告書に記載されています。その後、たくさんの兵士たちが自殺したという報道もありました。自殺は、放射線の死亡にはならないというのです。でも、放射線の障害があらわれて将来を悲観しての自殺者が多かったということです。

モスクワ大学の先生に聞いたのですけど、二度とこの様な事故は起こして欲しくないという話でした。事故後の風向きから放射性物質が沢山飛来したベラルーシ共和国では、国家予算の2割が事故の補償に使われているといわれています。ウクライナでは、チェルノブイリ発電所の周辺30km以内が現在も立ち入り禁止だということです。もし同様の事故が再び起これば、世界の原子力発電所の新設は不可能ではないかとのことでした。

JCO事故についても、死者の数だけで事故を評価しては駄目だと思います。住民の健康不安、事故後の風評被害も考慮しなければいけないと思います。

事故によって放出された希ガスや気体状の放射性物質は、風に乗って東欧、北欧、西欧と広がり、日本にも来ました。気体状の放射性物質にも毒性はあります。例えば、放射性ヨウ素は気体状で放出されました。ヨウ素はヒトの甲状腺に積極的に取り込まれます。そのため、高濃度の放射性ヨウ素が含まれる大気が流れ込んだ地域では、甲状腺癌に罹患する子供の割合が著しく増加したとの報告もあります。気体状の放射性物質は、大気に拡散することにより濃度が低下します。また、放射性ヨウ素の場合は半減期が8日程度と短いこともあり、放射線による長期的な汚染の恐れは小さいと考えられます。

原子炉30km圏に残された放射性物質が問題

より長期的な問題は、原子炉周辺に残された粒子状の放射性物質です。粒子状の放射性物質の中には半減期が長い物質も含まれています。そのために原子炉を中心として半径30km圏が現在も立ち入り禁止区域になっています。単純にその区域に立ち入らなくて逃げればいいだろうという問題だけではないのです。粒子状の放射性物質は、地面の上にあるのです。それが、じっとしていればいいのですが、エアロゾル（空気中に分散する微粒子）になって空気中に出てくるのです。それが雲や風とともに移動して、雨が降ったらその場所が新たに汚染されるということになります。放射性物質を土壌に固定しなければ、再汚染が起こります。30km以上離れていても、ここも高いのだ、あそこも高いですよという話をよく聞きます。チェルノブイリからモスクワまでは800km位の距離です。チェルノブイリとモスクワのほぼ中間にあるペンザという町でも放射性物質による土壌汚染があると聞きました。これは、放射性物質を含む微粒子が風で運ばれて、ペンザ上空で雨となって降下したことによると考えられています。つまり、チェルノブイリ原子炉周辺は、現在立ち入り禁止にはなっていますけれども、これをそのままにしておいては、再び汚染が広がってしまいます。

広大な汚染地域をどう処理するか

では、放射性物質が飛散しないようにするにはどうすれば良いのでしょうか？

コンクリートで固めてしまえば大丈夫だろうと普通は思いますよね。

ところが半径 30km の面積をコンクリートで埋めるというのは無理なのです。私は、都市工学の先生とセメントの研究もしていますが、セメントを練って撒けるかというと、無理です。セメントに水と砂と砂利を混ぜたのがコンクリートですが、半径 30km の内、高い汚染状況の地域だけを処理するのにも膨大な量のコンクリートが必要です。また、セメントと水を混ぜたときから硬化が始まるので、練り混ぜてから数時間以内に敷き詰めないといけないという問題点もあります。

コンクリートの処理はどうしても無理なので、旧ソ連の科学者達が集まって簡単な方法はないかと考えました。ラテックスという避妊用具に使うゴムがあります。ラテックスを汚染土壌の表面に散布しようとする案もあったのです。だけど、その場合、ラテックスはゴムですから、光が当たると劣化するのです。劣化すると、ひび割れが入ってきて、放射性物質がまた現れてきて、また飛ぶのです。また、ひび割れて細かくなったラテックスに放射性物質が吸着されることも考えられます。その場合、ラテックスが放射性物質を沢山取り込んで移動することになり、事態はより深刻になります。ここでラテックスの使用が検討されたのは、水に分散させて使用することが出来るからです。

プラスチックなどの通常の高分子は、水には溶けなくて有機溶媒に溶けます。有機溶媒というとベンゼンとかトルエンとかそれ自体が毒性のある物質もあります。毒性の低い有機溶媒でも引火しやすいなどの問題があります。従って、有機溶媒を使わなければならないような処理方法は、広大な地域には使うことが出来ません。

水に溶けるイオン性の高分子を使った画期的な処理方法

他の方法はないのかということを考えたわけです。それで、モスクワ大学のZezin教授のグループとKavanov教授という高分子の大御所の人たちが考えたのです。その方法は、電荷をもつ水溶性高分子を使った方法です。高分子とは、通常の分子よりも大きな長い紐状の物質だと思ってください。この高分子の中でプラスの電荷を持った高分子（ポリカチオン）、マイナスの電荷を持った高分子（ポリアニオン）があります。これらの高分子はそれぞれプラスとマイナスの電荷をもっているために水に溶けるのです。つまり、有機溶媒を使う必要はなく、溶媒として水を使うことが出来るのです。普通、プラスとマイナスは結合しますよね。もし、ポリカチオンとポリアニオンを一緒に水に溶かすと、プラスの電荷をもつ高分子とマイナスの電荷をもつ高分子が引きつけあって電荷が中和されて、水に溶けない沈殿が生じます。プラスの電荷をもつ高分子とマイナスの電荷をもつ高分子を一緒に水に溶かして均一の溶液を作ることは、通常出来ないことになります。

塩化ナトリウムなどの塩を水に溶かすと、塩化ナトリウムは水中でプラスの電荷をもつナトリウムイオン（Na＋）とマイナスの電荷をもつ塩化物イオン（Cl－）に分かれます。

ここで塩の濃度が高い溶液にポリカチオンとポリアニオンを溶かします。このとき正の電荷をもつポリカチオンの周りには塩化物イオンが、負の電荷をもつポリアニオンの周りにはナトリウムイオンが引き寄せられます。このことにより、ポリカチオンとポリアニオンそれぞれの電荷は遮断されます。従って、塩の濃度が高い溶液では、ポリカチオンとポリアニオンが沈殿を作ることなく溶けた状態で存在することが出来るのです。この溶液を水で薄めるとどうでしょうか。水に溶けている溶液に、さらに水を加えるのです。水に溶けているものに、水を加えたら薄くなりますよね。普通に考えれば沈殿は起こらないはずですよね。しかし、この場合は沈殿ができるのです。水を加えることにより塩の濃度が低下します。ポリカチオンとポリアニオンの電荷の塩による遮断が無くなるわけです。そうすると、ポリカチオンとポリアニオン同士のプラスとマイナスが引きつけあって沈殿が生じるのです。

接着剤として働くポリイオンコンプレックス

まず、この時生じた沈殿の性質を説明します。分かりやすい方法でいうと、マジックテープがありますよね。同じテープ同士はくっつきませんよね。しかし片方をプラスとして、片方をマイナスとしたら付きます。それが、箱にたくさん入っているとします。（これは塩濃度が低下した状態でポリカチオンとポリアニオンが溶けている状態に対応します。）その箱を振るとどうなりますか。全部のマジックテープが一対になるとは限りませんよね。つまり、プラスとマイナスがきちんと引きつけあっているところは一部です。壊れたジッパーのように、ごちゃごちゃと引き合っていない部分（プラスの電荷を持ったままの部分とマイナスの電荷をもったままの部分）ができると思います。それがどういう性質を持つかというと、プラスとマイナスが引き合っている部分は、電荷がないですから水と馴染みがなくなって、油などとなじみやすい部分になります。化学的な用語で疎水的な領域というのです。マイナスの電荷が余っているところは、プラスの電荷をもつ粒子とくっつきます。また、プラスの電荷が余ったところには、マイナスの電荷をもった粒子がくっつきます。土の中でも、いろいろな成分があるのです。プラスの電荷をもっている粒子とか、マイナスの電荷をもっている粒子とかがあるのです。また、電荷をもたずに水となじみにくい疎水的な粒子もあります。この沈殿はポリイオンコンプレックスと呼ばれて、土だけでなく、たいていの物質をくっつけてしまうのです。ポリイオンコンプレックスは、理想的な接着剤といえるでしょう。しかも、有機溶媒を使わなくて、水を溶媒にすることができます。原料であるプラスの電荷をもつ高分子とマイナスの電荷をもつ高分子は、それぞれ毒性の無いものを選ぶことが出来ます。今までのことをまとめますと、プラスの電荷をもつ高分子とマイナスの電荷をもつ高分子を塩濃度が高い状態で混合すると、両者が沈殿を作らず均一に溶けた状態の溶液が作れる。この溶液の塩濃度が下がると沈殿が生じます。この沈殿はポリイオンコンプレックスと呼ばれて、様々な物質と接着性の高い性質をもつということです。

こんな現象が、何に使えるのでしょうか。

もうお分かりだと思いますが、チェルノブイリでは、この溶液を散布して土を固めたのです。この溶液を土壌に散布すると、簡単にしみ込みます。しみ込んだ後、水が蒸発していくと、ポリカチオンとポリアニオンが溶けきれなくなって、ポリイオンコンプレックスを作り沈殿していきます。塩は水に溶けやすいのですが、最後には結晶となります。土にしみ込んだ状態で生じた沈殿であるポリイオンコンプレックスは理想的な接着剤となって土壌を固定するのです。つまり、一種類の水溶液を散布するだけで、土壌を固定することが出来るのです。有機溶媒を使う必要はありません。また、土にしみ込んだ状態ですので、表面に存在するラテックスのように、太陽光の紫外線で劣化する心配もありません。また、セメントのように練り合わせてから硬化までの時間を気にする必要はありません。単位面積当たりの処理費も格段に安くなります。この方法はポリイオンコンプレックスの特徴を上手に活用した大変賢い方法だと私は思います。

実際のチェルノブイリでの処理は2年近く必要だった

さて、チェルノブイリで実際にどういう処理をしたかということですが、放射性物質の濃度の高い地域2万から3万ヘクタールの面積を処理しなければならなかったということです。

まず汚染地域から離れて鉄道輸送出来る場所に溶液調整のプラントを作り、先ほどの溶液を作り貨車で輸送したとのことです。その溶液を散水車や場所によってはヘリコプターで散布したとのことです。ポリカチオン（プラスの高分子）とポリアニオン（マイナスの高分子）と塩（塩化ナトリウム）を混ぜた溶液ですから簡単に作れます。しかし、処理しなければならない面積は広いのです。溶液は、20から30万トン必要でした。大きなタンカー1隻分くらいの溶液が必要だったのです。まず、この処理方法を決めるのに3ヶ月位かかりました。それから、処理を始めて翌年の夏まで1年半～2年近くかかって、処理したとのことです。処理前と処理後で放射性物質の移動がどの程度抑制されたのかについては、いろいろな場所で調べられています。放射性物質で汚染されている土壌に風を吹きつけて、その空気にどれだけ放射性物質が混ざっているかを調べるのです。処理すると、最低10分の1、最高50分の1くらいに、放射性物質の飛散が抑えられたのです。ただし、今でも放射性物質は、チェルノブイリ周辺の土壌に残っています。土壌の中にしみ込んでいった放射性物質もあるかと思います。汚染土壌を処理はしたのかと聞きましたが、それはできないということでした。ポリイオンコンプレックスによる土壌固定の効果が低下したときに、また放射性物質が飛んでくる可能性があるのかとも聞きました。処理したところは、主に土壌がむき出しになっていた場所だとのことでした。ポリイオンコンプレックスで土を固定していることにより、その場所に草が生えやすいようになり、草の根が土壌を固定することになっている。その効果もあって、今のところは、再汚染が心配されることはないだろうということでした。

日本の土も砂も固めることができた

この実験をモスクワ大学の人たちを招いて茨城大学で一緒にやったのです。チェルノブイリ周辺の土壌は固めることが出来ても、日本の土壌を固めることが出来るかを確かめておかないといざというときに不安です。そのために東海村の様々な土壌で確認してみました。どの地域から採取した土も全て固まりました。砂も固まりました。さて、土や砂を固める能力を何か基準を作って評価して比較しなければなりません。そこで、次のような方法を考案しました。土壌を小さな容器に入れてポリイオンコンプレックス溶液を散布したのち乾燥させます。これで、土壌の表面が固まります。その後、掃除機で吸い取るのです。掃除機の電圧を調整して風速20メートルに設定します。粉塵が飛んできますよね。掃除機には、フィルターがありますので、フィルターの重さを量っておいて、何分間吸引してどれだけ重くなったかということを測定します。つまり、土を固める能力が高いほど粉塵の量は小さくなります。これにより、簡単な方法でどれだけ土が固まったかということがわかるのです。モスクワ大学の処方箋で、チェルノブイリで実施された方法でやったのですが、風速20メートルで吸引すると、散布量が少ないと15分くらいたつと崩れますが、1平方メートル当たり、5リットル程度の散布で十分に土壌を固定することが分かりました。

より強く土を固める物質を見つける

それだけならば、モスクワ大学の実験の真似ではないかと言われるのですが、この実験の話を公害対策関係の人たちに説明をしました。残念ながらその人達はあまり聞きたくないという感じでした。その人達の中で「合成高分子なんか撒いたら環境汚染です」と言う人がいました。「放射性物質が飛ばないために、このような方法があるのです」と言ったら、「合成の高分子は、環境汚染だから、うちでは使えないです」とのことでした。放射性物質の拡散による環境負荷と合成高分子による環境負荷を比較すると、前者の方が大きな負荷であることは明らかだと思います。首が切られようとするときに髭の心配をするようなものだと思います。研究の本質を理解してくれていないなと思いました。私だけでなく、そのときに説明してくれたモスクワ大学の研究者もこの質問には大変失望していました。まあ、公的機関の研究所は日々それぞれの業務で忙しくて大変なのでしょう。

また、合成の高分子でも無害な物質を使っているのに環境汚染だというのは間違いです。しかし、合成高分子というだけで環境汚染だという考え方もあるのだなと思いました。では、天然由来のポリイオンとポリカチオンから出来るポリイオンコンプレックスで同様の効果が得られれば問題はないのではと考えました。例えば、蟹の甲羅を作るような高分子（キトサン）は正の電荷をもちます。海藻に含まれるアルギン酸や遺伝情報の主役の DNA は負の電荷をもつ高分子です。その他いろいろな天然由来の高分子を組み合わせてポリイオンコンプレックスを作ってやってみました。日本は雨が多いですから、雨が降ったときの耐久性に関しても調べました。実験室内で小さな箱に砂を入れて固めた実験も行いました。また、野外実験も行いました。野外実験の方法は簡単で、砂を持ってきまして三角錐を作るのです。そして、溶液をかけて屋外に放置します。どれだけの期間壊れずにもつのかという実験もしました。ポリイオンコンプレックスも様々な組み合わせで比較すると、チェルノブイリ事故で使われた合成高分子の組み合わせ以上に強固に土壌を固める能力をもつ組み合わせを見つけました。台風の多かった年に行った野外実験でも、三角錐状に固めた砂が数ヶ月間、その形を保持することが出来ました。つまり、台風クラスの雨や風に対しても耐久性のあるポリイオンコンプレックスを見つけることが出来たわけです。そのポリイオンコンプレックスは天然由来のポリカチオンとポリアニオンからつくったものでした。この研究は、合成高分子では環境汚染になるという本質的でない意見に反発しておこなったものです。その意見を聞いた時には少し腹が立ちましたが、モスクワ大学で考案された処理方法以上の結果を得ることが出来ました。その意味では、大変良い意見だったと今では思います。

大規模な汚染対策と準備も必要

もしテロという形で事故が起こり大量の放射性物質が外に出た場合、そんな事故は想定していないから処理はできないということになったら大変なことです。穀倉地帯にあったチェルノブイリ原子力発電所周辺でも、30km 圏の避難者は 12 万人といわれています。

この東海村あたりで同じように半径 30km の事故が起こった場合、水戸や日立を超えた領域に汚染範囲が広がります。この区域を立ち退くことになったら、何十万人が移動しなければならないでしょうか。また補償には莫大なお金がかかります。

ロシアはチェルノブイリの事故を大変反省をしていて、このような土を固める薬品を事故に備えて、貯蔵しているらしいです。そして、事故が起こったら短期間に処理できるように準備しているとのことです。

ここで紹介させていただいたのは、万が一のことを考えて準備して欲しいと思ったからです。ポリイオンコンプレックスを使う方法も、私みたいな小さな研究室でやっているよりももっと大きなところで取り組んで欲しいと思います。私のもっているノウハウは、全部教えます。本当は、紹介した実験は放射性物質を使ってやらなければいけないのですが、そこまでは大学の研究室では出来ません。そのため、砂の飛散量を調べる程度のレベルでしかできません。大きな研究所でやってみたいのであれば、協力します。

そして、日本でもロシアのように広域の汚染に対応した準備があればと希望しています。

ここまでの話で、何か聞きたいことはありますか。

質問1　風に対する効果は分かりましたが、寒いところとか、暖かいところではいかがでしょうか。実際は温度変化がありますよね。そういう評価はどうなのでしょうか。

熊沢　ポリイオンコンプレックスは50度ぐらいで加熱しても全然壊れません。むしろ、強くなります。温度に関しては、静電的相互作用ですので温度変化による安定性の変化は小さいと思います。ただ、非常に低い温度は地面が凍るような温度になったら、どうなるかは確かめていません。もっとも地面が凍ってしまうような状況では放射性物質も飛散しないと思います。ポリイオンコンプレックスのもう一つの特徴は水に溶けにくいことです。普通の水に溶ける高分子のネバネバしているものとかにも、それが乾いたときには接着効果はあります。水に溶けて流れてしまいます。しかし、ポリイオンコンプレックスは水に溶けにくいので耐水性が高くなります。もちろん、大量の雨が降ったら流れます。

もう一つ面白いのは、ラテックスゴムのような物質で表面を固めたのを壊したら、再生しません。しかし、ポリイオンコンプレックスの場合は、雨が降って湿ってくるとまた固まります。だから、そういう意味では使いやすいのではないかと思います。小規模の汚染でも、先にパッと撒いてしまえば広がるのを防げます。チェルノブイリの時も聞いたのですが、このような溶液を事故後にすぐに撒いていれば、汚染地域は格段に小さかったであろうと言われています。万が一の事故への備えとして、発電所にスプリンクラーを設置し、緊急時に人が避難しても散布を行えるようなシステムを考えても良いのではないかと思います。

質問2　今、安定性がいいような印象を受けたのですが、分解も早いような感じもするのですが、寿命の点ではどうでしょうか。

熊沢　モスクワ大学で、5年から6年前に作ったサンプルを見せてもらいました。乾燥させた状態だったならば壊れないまま保持されていました。一番の問題は、ポリイオンコンプレックスが大量の水により流されてしまうことです。

乾燥して固まった土壌はほとんど壊れません。ただし、微生物によっては、分解される可能性はあります。天然高分子を使った場合には、微生物による分解速度が大きい可能性があります。微生物は、合成の高分子でもたいていのものは分解します。だから、長時間放置しては効果がなくなると思います。事故後に直ちに散布して、固まってからブルドーザーで土壌を取り除く場合などを考えると有効です。この場合、放射性物質を含む粉塵量は土壌が固まっているために小さいと考えられ、作業員の人の被曝を低くできます。早く処理するならば使いやすいと思います。ただ、何年も放置しておくことは難しいと思います。乾燥していれば大丈夫ですけど、雨が何回も降ってくることによって弱くなります。ただし、条件がそろえば、2ヶ月はもつと思います。土壌を回収するなどの処理が出来ないような広範囲の汚染が起こった場合には、草などで土壌が固定されないときには、定期的な散布が必要になると思います。

質問3　チェルノブイリで汚染されている地域が半径30kmと聞きましたが、そこの地域の土地を回収しようかということは考えていないのですか。何かしらの対策はありませんか。

熊沢　広大に汚染されている地域を処理しようとしたら、莫大なお金がかかり、やれていないと思うのです。面積が大きすぎて汚染処理は実質的に進んでいないようです。

一部の報道ではそんなに放射性物質による汚染が大きくない地域もあるし、年老いた人が他の地域に移住させられて、自分の家で死にたいと言って戻ってきている人々もいるとのことです。

この方法の開発者のひとりであるモスクワ大学のZezin教授は、チェルノブイリ事故の直後にこの溶液を散布できていたら、汚染面積は格段に小さかっただろうと言われていました。放射性物質の濃度は高いでしょうが、汚染面積が小さければ土壌を処理して放射性物質を除去することも可能ではないかと思います。起こらないからこのような技術はいらないなというのはなくて、万が一の事故に備えておけば汚染面積を極小に出来る技術ということで紹介させていただきました。

茨城大学学生がつくった原子力防災ビデオ

次に、学生たちが作ったビデオを紹介させていただきます。紹介をしてから、ビデオを見ていただこうと思います。文部科学省の研究費が当たって授業を撮影してもらったりしていたのです。そうしましたところ、自分たちで防災マニュアルを作ろうということになったのです。文章では読まないだろうということで、映像でということで、一生懸命に作りました。いろいろな所の防災マニュアルを参考に勉強し検討しました。ここで大事なところは、この方法がベストの避難マニュアルではなく、JCO 臨界事故に直接に対応しているわけではありません。すべての原子力の事故に対応しているわけではなくて、普通の放射性事故に関する防災ビデオです。どうせなら出版しようということで、私はボーナスの半分ぐらいを出資しまして、2 年間くらいに渡って、あちこちに買ってもらいました。お陰様で収支はトントンになりました。

学生達は、日本のマニュアルだけでなく外国のマニュアルとかも勉強して、自分たちの考えも入れながら作りました。昨日講演された小野寺さんも見てくださって、「洗濯物は取り込んだ方がいいだろう」と言って頂きました。このことについても学生たちはたくさん議論をしました。年代の違いかもしれませんが、私たちは、洗濯物は勿体ないから取り込んだ方がいいと思うのですが、学生たちは、そんなことよりも健康が大事だと言う意見でした。彼らの「服や布団を捨ててもまた買うことができるけれど、被曝をして責任をもてない」と言う意見を尊重して洗濯物は取り込まなくていいと決まりました。そういうビデオです。必ずしも専門家の人から見てすべて良いかどうか分かりません。茨城大学の学生が頑張ってビデオを作ったということを見ていただきたいと思います。

それでは、ビデオをお願いします。

上映したビデオの概要

基本編として、学校にいた場合、自宅にいた場合、屋外にいた場合、車で移動中の場合、それぞれの場合に対する避難方法を示しています。

また、応用編として、祖父母 2 名、両親、子供 2 名（小学生と 3 歳児）の家族の主婦が家庭で事故の一報を受けたときの対処を示しています。

1：屋内に速やかに待避する。2：手洗い、うがいをして服を着替える。3：脱いだ服はビニール袋に入れて保存　4：外気が流入しないような処置をする。5：断水に備えて水を確保する。6：テレビ・ラジオを通じて情報を収集する。7：必要以外電話を控える。

こういうビデオです。作るのに1年半くらい掛かりました。学生さんたちは夜中まで一生懸命やっていました。全国の自治体にも送りました。また、数年前に韓国との交換留学生に協力してもらい韓国版も作りました。このようなビデオをこれからも作っていきたいと思っているのですが、このビデオを作った学生達は卒業してしまいました。この講義を聞いている学生さんで誰か協力をしてくれる人がいたら、私の研究室へ連絡して下さい。

質問、何かありますか。

質問3　東海村で、防災訓練なんかのコメントもしているのですけど、よくできているのですが、気にかかることは、2点ありました。一つは、洗濯物は緊急放送があった時点で取り込めば問題はないかと思います。それと同時に、避難地域を見てみますと、布団を干したまま、窓を開けたまま逃げてしまったという地域が多いのです。布団を投げ出して、そのままで置いていくかというと、そうもいかないのです。場所にもよりますけども、取り込んだ方が良いと思います。あと、もう一つですが、むやみに電話をかけないというのがありました。ビデオの想定では、おばあちゃんが散歩に行っている状況で原子力事故の知らせが入っています。ビデオで緊急以外の電話は差し控えるようにとなっています。東海村には防災無線による緊急放送の拡声器がいろいろなところにありますが、JCO事故の時に聞こえなかったという人もいます。もし、おばあちゃんが緊急放送を聞けなかったら被曝することになります。実際、外に出ると緊急放送が聞けない場所がかなりあります。最近は、携帯電話をもっているおばあちゃんも多いですので、電話をしてあげるとかも大事かと思います。

熊沢　ありがとうございます。確かに、洗濯物のことは、私たちも学生に話したのですが、学生の感覚は、また買えば良いという感覚なのです。随分話し合いもしました。若い人の感覚なのでしょう。このビデオを防災訓練等で使われるときには、その辺のところを付け加えていただけるとありがたいです。ビデオの中で電話は緊急以外には使用しないようにとしてありますが、この場合は緊急になるかと思います。一方で、電話回線の混雑による電話の不通といったことが起こります。どうしたらいいのかについては、簡単には言えないと思います。このことも、防災訓練の一環として皆さんで議論して頂ければと思います。

質問４　洗濯物もそうでしたが、学生さんたちの考えなのかもしれませんが、ビニール袋に入れた服を一緒の部屋に置くのではなくて、他の部屋に置くとか、ビニール袋の置いた部屋には待機しないと考えていくと、もっといいと思います。

熊沢　ありがとうございます。もしビデオを参考にしていただくときに、修正していただけますでしょうか。ご指導お願いいたします。このビデオがベストではなくて、このビデオを見て参考にしていただければありがたいです。

あのビデオに子役で登場していた私の娘が９歳です。JCO 臨界事故の時は、私の自宅は、10km 圏少し外側でした。しかし、当時１才になったばかりの娘の健康が心配だったので、臨界が継続している可能性があるとの夜９時の NHK ニュースを聞いてから 20 分以内で荷物をまとめて、40km 程離れた茨城県内の家内の実家に避難し、そこに１週間程滞在しました。皆さんも、それぞれに避難経路があると思うのです。いろいろなパターンを考えてみてください。あくまでも、ビデオは参考にしてください。他にありますか。

質問５　このビデオは、とても参考になりました。このビデオの入手方法を教えてください。購入できるのですか。

もう一つですが、私は原子力の事業所に勤めていたのですが、事故が起こったときは、すでに退職をしていましたが、ビデオに沿ったような対応ができました。そこでお願いがあるのですが、続編を作っていただけないでしょうか。というのは、私は、ある程度の知識をもっていたから対応ができました。放射性物質が飛び散る事故なのか、飛び散らない事故なのかを、皆さんは知らないと思うのです。原子力事故は、一つではないから、その辺のところを分けて、もう少し詳しくして、続編をつけてくだされば、安心して対応ができるのではないかと思います。

熊沢　ありがとうございました。確かに、中性子の事故の時は逃げた方がよかったわけで、中性子線が出るときと、今回のJCO臨界事故のような対応の時と分けた方が分かりやすいですね。できれば、続編を作りたいと思います。これには、学生さんの協力と予算が必要ですので、その辺のところを考えて作りたいと思います。ビデオはあるのですが、私がここで販売するとお金を儲けていると思われると困りますので、直接お売りすることはできません。一つの方法として、東海村に50本くらい買っていただいたものがあると思います。それを公民館や図書館に置いてあると思います。借りられるのであれば、ダビングしていただいて結構です。地域で見ていただいて、活用していただければありがたいです。それでよろしいでしょうか。

質問6　あれもこれもとなるとできないと思うので、絶対に守らないていけないものと、時間的に余裕がある場合と、できれば分けたほうが良いと思います。だから、二編作ったほうがいいと思います。

熊沢　ありがとうございます。ドンドン増えていきますよね。まずは制作費をどう捻出するかということが問題になります。では、時間は少し過ぎていきますので、今日はこの辺で終わりにします。ありがとうございました。

注　防災ビデオの希望が多数の場合は、この本の出版元の文眞堂からDVD版としての販売も考えています。

Ⅲ－3　リスクコミュニケーション
—地域社会とともにリスクを考える

財団法人 電力中央研究所 社会経済研究所 上席研究員　土屋　智子

熊沢　講師は土屋智子さん、財団法人電力中央研究所研究員をされております。さまざまのことをされておりまして、東海村ではリスクコミュニケーションのプロジェクトを立ち上げて、現在、科学技術のリスクコミュニケーションの実践的研究を目指しておられるということです。リスクコミュニケーションを実践するNPO法人のメンバーとして、東海村にも通われているそうです。

それでは、土屋先生、よろしくお願いします。

土屋　皆さん、こんにちは。電力中央研究所の土屋と申します。よろしくお願いします。

最初に、電力中央研究所というお名前をお聞きになられたとか、知っているという方、いらっしゃいますか。手を挙げてください。さすがに、東海村の皆さんは、よくご存知ですね。名前からしてお分かりのように電力会社から寄付をいただいて研究をしております。寄付は電力会社からいただいていますが、もともとは皆さんがお支払いの電気料金の0.2%が私どもの研究費になっております。どんなことをやっているかと申しますと、発電、送電、皆さんのお宅に電気を届けるところまでの技術開発、発電する時のいろいろな影響、耐震設計もやっておりますし、地球環境問題も重要な問題なので環境問題の研究もやっております。私が所属しておりますのは社会経済研究所です。電力会社の経営問題や、東海村のように発電所がある地域の活性化を研究しています。私はコミュニケーションの研究をしていまして、今日はここのタイトルにありますように、リスクコミュニケーションということについて、お話をしたいと思っております。

リスクコミュニケーションという言葉を、この講座を知る前にお聞きになられた方のある方、手を挙げていただけますでしょうか。東海村の皆さんはご存知の方が多いようですが、ただ知っている方も、今日お話するリスクコミュニケーションをご存知かどうかということを心配しております。リスクコミュニケーションはまだ日本語になっていません。リスクだから、危険なことを話すことかなと思われると思うのですが、それとは少し違って、サブタイトルに書きましたけれども、リスクを一緒に考えるということです。これはアメリカで生まれた考え方で、社会の変化に応じて考え方も変わってきております。

リスクとは

リスクは、最近、新聞等でもお聞きになっているかと思いますが、日本語がありません。無理やり訳すと危険性ということですけれども、語源はいろいろあるようです。例えばギリシャ語の意味ですと、水面下に隠れている岩礁から生まれてきたと言われています。イタリア語やスペイン語では、絶壁の間を船で行くというようなことです。すぐに危険がわからない、隠れているようなものを指しています。それから航海に関するような言葉が多いようです。船で旅をして新しい大陸を見つけたり、商売の取引相手を見つけると、大変儲かるというメリットがあるわけですが、そこに行くまでに難波するかもしれませんし、帰ってこられないかもしれない危険も伴っているわけです。マイナスもあるけれども、利益もある。両方を兼ね備えていて、しかも不確実であるわけです。こういうものをリスクの語源として呼んでいたようです。また、大航海時代の前からですけれども、航海をして売買ができると大変儲かるという反面、船が帰ってこない、難波したら大損害だということがあって、保険の考えが生まれて参りました。そういうところから、リスクということを考え始めるようになったわけです。近代になると、賭け事やギャンブルに関連して確率論が生まれてきました。確率は難しいため、なかなか理解できないのですが、新しい考え方でもあるということです。

リスクというのを数学で表すと、単に危険なことということでなく、それが起こる確率も考えています。例えば、しょっちゅう起こるけれども被害は大したことないというものと、滅多に起こらないけれども一回起きると大きな影響があることを、どうやって比較するかということを考えたわけです。単に確率だけを比較するのもおかしいだろう、被害だけを比較するのもおかしいだろうということで、確率と被害をかけ合わせるということで比較しようと、それがリスクということになっております。

リスク研究は原子力利用に伴って発展

皆さんの中には、原子力はリスクを考えたことがないと思っていらっしゃる方もおられると思いますが、リスクの研究というのは、原子力をやるからこそ生まれてきたというところがあります。なぜかと言いますと、原子力を兵器ではなく平和利用しようとしたときに、いろいろ考えなければならなかったわけです。これまでの経験や勘に頼っていては安全に運転できませんから、全体的なところを評価して、弱点を見つけて、そこにきちんと対策ができるようにしようと、それが原子力利用では非常に重要だとすることで進められました。今は原子力科学研究所に名前が変わりましたが、皆さんには「原研」として馴染みのある日本原子力研究所では、だいぶ前から安全研究としてリスク評価の研究が進められていまして、実は、東海村は原子力の発祥の地であるけれども、リスク評価の発祥の地でもあるわけです。

アメリカで原子力の過酷事故、例えばチェルノブイリのような事故で放射性物質が出てしまって人にも影響を与えるような非常に深刻な事故が起こる確率というのを計算しました。このリスクはすごく低かったので、原子力の専門家は、原子力発電は非常に安全なものだと考えました。ところが、アメリカの普通の人たちは、安全だとは思わないと言い始めたのです。例えば、スロビックという心理学者が調べた結果ですが、30 個くらいの事柄を示して、危険だと思う順に並べてもらうという調査をしました。そうすると、女性と大学生は、原子力が一番危険だと答えました。一方、専門家の人たちの原子力の順位は 10 位にも入らず、20 番目でした。喫煙は女性も大学生も専門家もだいたい同じ順位になりましたが、原子力だけはものすごく違っていました。このように、普通の人は原子力をとても危険だと感じていたので反対運動が起きてきました。

「リスクコミュニケーション」の誕生

そこで、専門家たちは普通の人たちが原子力を怖がるのは正しい知識がないからだと思い、教育しようと考えました。これが当時のリスクコミュニケーションの意味で、一般の人たちを専門家に近づけるための教育、情報提供活動として使われました。例えば、車を運転する時のリスクや、タバコを吸うリスクなどと原子力のリスクの比較をしました。アメリカはこの形で 20 年間努力しました。一生懸命教育し、説得し、情報提供しました。しかし、上手くいくどころか、ますます市民は反発するようになり、不信感も高まってしまいました。

なぜこの形が失敗したのかという事をお話したいと思います。一つは、事故の影響です。スリーマイルアイランドで事故が起きました。チェルノブイリ事故で世界中が被害を受ける騒ぎになりました。他には化学工場の爆発ということもありました。イタリアでは、ダイオキシンが大量に漏れて住民が被害を受けたというのもあります。しっかり管理ができると言っていた専門家に対して不信感が高まりました。もう一つは、市民がリスクを専門家のように理解ができないという点がありました。リスク評価の方法論というのは、まだ 100 年くらいしかたっていないので、私たちの生活にその考え方が馴染んでいないというところがあります。

リスク認知とその特徴

そもそも人間は危険というものを避けたいと考えて行動していますが、リスクの感じ方に対して 3 つの特徴があります。知覚すると認知するというのは違うということ、認知するときにバイアスがあること、リスクを高く感じるような要因があることです。

まず知覚と認知について。皆さんは普段全然意識してらっしゃらないと思いますけれども、心理学では知覚と認知を分けています。知覚というのは、例えば見ているものについて脳が刺激を受けているということです。認知というのは、頭の中で「何を見ているか」を理解することです。これは別々のものです。ここで少しクイズをしたいと思います。この図（ロールシャッハ・テスト用の図を示して）は何が見えますでしょうか？　あまり深く考えずに眺めてください。若い女性が見える方、おばあさんが見える方、両方見える方もいらっしゃるかもしれませんね。目は両方を見ているのですけれども、頭の中で何をみているかというのは違ってきます。

このように、私たちは、ロボットやカメラのように世の中を見ていません。例えば、いろいろな情報を外界から得ているのですけれども、そのまま理解しているわけではありません。今までの経験だとか、固定観念から作られている枠組みを使って理解しています。枠組みがあると、それに沿ったような情報を取りに行こうとするのです。枠組みに沿ったように知覚しようとしてしまいます。自分の頭の枠組みに沿ったようなものだけを記憶しやすいということもあります。例えば、原子力発電が怖いと思っている方は、どうしても危険という記事だけが目につき、危険という記事だけが記憶に残ってしまいがちです。一生懸命、平等に見ようとはするのですが、実は見聞きしたいものだけ見聞きしているというのが人間の頭の働きです。このような働きは普段とても役にたっています。もしすべての情報を処理していたら私たちは何もできないでしょう。ロボットを歩かせるのがとても難しいのは、コンピュータが必要な情報を万遍なく処理しなければ一歩を踏み出せないからです。しかし、人間は重要なことだけを処理して判断したり、行動したりしています。これを心理学の用語では「ヒューリスクティクス」といいます。

認知のバイアス

普段はいいのですが、リスクを考えるときに、このやり方は問題を起こすときがあります。例えば、いろいろな情報を比べなければいけないのに、特定のことだけを考えるという傾向があります。目についたことだけで判断してしまうということがあります。報道では殺人事件がよく伝えられるので、日本社会も危険になったように感じますが、そんなに年中、殺人事件が起こっているわけではありません。それから、情報の特性に左右されるということがあります。表現の仕方によって受け取り方が違うということがあります。心理学者でノーベル経済学賞をもらった方たちは，私たちがよいことは確実に得たい、悪いことは起こらない確率に賭けたいと考える傾向があることを明らかにしました。これはお医者様でも同様のバイアスがあるようでして、確実に助かる治療法を選ぶ人が多いのだそうです。

確率を考えるときに、前提となっている条件を無視しやすいという傾向もあります。会場にもタバコを吸われる方がいらっしゃると思いますが、自分だけは肺癌にならないと思っていらっしゃるのではないでしょうか。自分のリスクは低く見積もるという傾向もありますが、周囲に喫煙者で高齢の方がいらっしゃると、その人を取り上げて肺癌にならないとおっしゃる方もいらっしゃるでしょう。しかし日本全体を考えると、タバコを吸う人は肺癌になりやすいのです。このように条件をきちんと考えないという場合があります。それから、予想していた事が起きると実際よりも起こり易く感じるということもあります。原子力発電所で事故が起きるのではないかと思っていた方は、チェルノブイリ事故が起きて、やっぱり起きたと感じられたのではないでしょうか。私は「やっぱり効果」と呼んでいますが、予想が実現すると、非常に確率の低い事でも起こり得る確率を高く感じてしまうという傾向があります。

リスクを高く感じる要因

また、物事によって、怖いと感じたり、怖くないと感じたりすることもあります。リスク評価の専門家にとっては、あんなに危険な車に乗っているのに、どうして原子力発電は危険、怖いと感じるのかということです。日本では毎年、6,000 人くらいの人が交通事故で亡くなっています。原子力発電は、日本で 40 年使っていても一般の人が亡くなるということはなかったのです。チェルノブイリでも 100 人はいらっしゃらなかったわけですよね。

心理学者が調べてみました。そうすると、非自発的にさらされるもの、つまり自分で選んだものではないものや人から押し付けられたものはリスクを高く感じることが分かりました。リスクが不公平に分配されているもの、知らないもの、人工的なもの、隠れた取り返しのつかないもの、遺伝的な次の世代に影響のあるものもリスクを高く感じさせるということが分かりました。実は、原子力はリスクを高く感じさせるものを沢山もっているのです。東海村の方でも、原子力の誘致を自分たちで決めたのではなく過去に決められたのであって、生まれた時からすでにあったよという方が多いかと思います。多くの方々は非自発的に原子力にさらされていると感じてしまうということです。

専門家のバイアス

認知のバイアスは誰にでもあります。専門家も人間ですから専門家にもあります。ただ、教育や経験や訓練を積むことで、自分のバイアスを修正することができます。もう一方で、専門家ゆえのバイアスもあります。例えば、ベテラン・バイアスとよく言われるのですけれども、よく知っているからこそ間違えてしまうということがあります。それから、いつも科学技術をコントロールしていますから、常にコントロールできると思っています。しかしそこにはヒューマン・エラーというのがあります。テロのような意図的な介入で問題を起こすということもあります。専門家はこのようなリスクを過少評価してしまうということがあります。自動化するとヒューマン・エラーを抑えることができますが、警戒心が衰えるということもあります。一つ一つのシステムについてはよく知っているのですけれども、複数のものが絡みあうと予想外のことが起きてしまうということがあります。最近は大学で勉強した人たちが現場に増えてきて、現場で苦労した経験をもっている人がいなくなり、いろいろな産業事故が起こっています。昔の方たちからすると、なんでこんな事をしたのかというようなことが沢山あると思います。専門家が増えれば増える程、現場の知識が伝承されないことによる問題が起きてくるという傾向があります。

専門家と一般市民の違い

専門家にもバイアスがあるのですが、専門家と普通の人たちには差があるわけです。リスクとはどういう意味かということを電力中央研究所で全国調査した結果です。皆さんはリスクの定義を先程見られたので正解がお分かりだと思うのですが、多くの方は危険とか、損失の大きさというふうに被害のことをリスクだと考えていらっしゃいます。しかし、専門家はリスクを評価するときに、まず何が起きるかということを決めます。例えば、被害を「死亡」と決めると、後は確率の問題なので確率に注目しやすい傾向があります。でも私たちは確率のことがあまり分かりません。むしろ、何が起きるのかということを考えてしまいます。私たちが普通の人にインタビューをすると、死ぬとか発ガンなどということは言わないで、アレルギーになるとか、気持ちが悪くなるとか、とても専門家は考えないような被害についての発言があります。しかし、これも日常生活に支障をもたらす被害なのです。

電力中央研究所で、いろいろな専門家の方々にご協力をいただいて、遺伝子組み換え食物と原子力発電についてどんな危険性を感じていらっしゃるのかを調査したことがあります。これは棒グラフの高さが高い程危険という方が多かったというように思ってください。遺伝子組み換え食物については、バイオの専門家の方たちが一番安全と言っています。当たり前かなと思われると思います。原子力発電をみてください。バイオの専門家は、市民とほとんど変わらないところにあって、逆に、原子力の専門家や電力の専門家たちが、圧倒的に安全と言っているわけです。バイオの専門家だって、科学的な知識をおもちだと思うわけですが、専門が違うと、随分感じ方が違うというところで、いろいろなリスクの感じ方の違いというのがあるのです。

現在の「リスクコミュニケーション」の意味

約20年間の失敗の積み重ねをし、アメリカの研究者たちも、普通の人たちのリスクの感じ方を専門家に近づけようとするのは、とても難しいと、むしろ無理であると気が付きました。そこで、リスクコミュニケーションについて、新しい考え方を導入しました。それが「リスク問題について関係者の間で情報をやりとりするという相互関係のプロセス」というものです。誰かが誰かの気持ちを変えるとか、誰かに影響を与えるとか、合意形成をするとか、そういうことはやめましょうという考え方を打ち出してきました。リスクコミュニケーションは、日本語になっていないのですけれども、この考えを日本に紹介された木下冨雄先生（社会心理学・京都大学名誉教授）が、「共考（きょうこう）」という言葉を作っていらっしゃいます。リスク問題について一緒に考えること、考え方の違う人たちで話し合いましょう、考えましょうということで、リスクコミュニケーションを捉えましょうとおっしゃっています。

失敗事例（昔のリスクコミュニケーションの事例）

ここまで聞いても釈然としないという人もいらっしゃると思いますので、昔のリスクコミュニケーションと、今のリスクコミュニケーションの違いを示す事例をご紹介したいと思います。どちらもチェルノブイリの事故に関係があるのですが、最初にイギリスの例をご紹介します。

1986（昭和 61）年 4 月 26 日にチェルノブイリの事故が起きました。上空に打ち上げられた放射性物質を含んだ雲がヨーロッパに広がって、イギリスでは 5 月 2 日にカンブリア高原という所に雨が降りました。ピーターラビットで有名な湖水地方のことです。あの辺りは観光地ですが、海の近くには発電所や再処理工場を持っているサイトがあります。そして高原では羊が放牧されています。そこに雨が降ったわけですから羊が汚染されてしまいました。イギリス政府と学者は、放射能のレベルはすぐ下がりますよと言いました。しかしこれがなかなか下がらないのです。1 週間たっても、1 ヶ月、2 ヶ月たっても下がりませんでした。7 月 2 日には、カンブリア地方からの羊の出荷は無期限で監視体制の下におくことが決まりました。その後 2 年間、監視体制を続けなければいけない程の放射能があったということです。

何故だったのか。まず、科学者が間違ったということがあります。すぐ放射能レベルが下がると言った時に、科学者は「雨は一様に降り、一様に土壌も汚染された。羊は雨で汚染された草を食べたから汚染されたのであり、汚染されてない草を食べ始めれば放射能レベルは下がる」と言ったのですが、これが間違いでした。雨は確かに一様に降るのですが、雨は流れます。あの辺りは岩山で非常に起伏があり、放射能のレベルを観測することは非常に難しい。どこを観測するかによって濃度はかなり違うのです。それからもう一つ、今は分かっているのですが、放射性セシウムがカンブリア地方の土壌に入ると、そのまま土壌中にとどまらず、草の根からまた吸収されてしまうという性質があったのです。そのために、雨だけではなく、また根から放射性物質が吸収されてしまうので汚染が続いてしまうのです。それが分かるまでにかなり時間がかかりました。

次に、行政や科学者がこの地域のリスクをできるだけ低減しようとして対策を取るわけですが、これがことごとくうまくいきませんでした。行政や科学者は牧羊業の人たちと話をせず、牧羊業には非常識な対策を提案し続けました。そのため、行政や科学者に対する信頼が低下してしまいました。極めつけは、先程も言いましたように近くに原子力施設があります。1950 年代に火災事故を起こし、そこから放射性物質が出たため、牛乳の摂取が制限されてしまったそうです。牧羊農家の人たちは、あの時の火事の影響もあるのではないかと、また政府があの事故のように情報を揉み消そうとしているのではないかと囁きあっていました。後になってよく調べてみると、半分はチェルノブイリの影響であったけれども、半分は過去の影響だったということが分かったのだそうです。牧羊農家の情報も知らずに対話もしなかったので、全く良い対策はとれなかったという事例です。

成功事例（今のリスクコミュニケーションの事例）

こちらは成功した例です。ベラルーシというのは、ウクライナの北にある地域でチェルノブイリから国境が 16km くらいしか離れていない所です。旧ソ連政府は事故の後、様々な対策を行っているのですが、なかなか子供さんたちの汚染のレベルが下がらないということが問題になりました。非常に汚染されている地域のお子さんは、親元から離れ遠くの学校の寄宿舎で暮らしているのですが、長い休みには親元に帰り、また学校に戻ると汚染レベルが上がっているらしいのです。親元に帰ったときが問題だと分かってきました。そこで、国際協力としてフランスチームが調査に入りました。最初は旧ソ連政府がやったように、放射線について教育をしようとして、村人から全然信用されないということが起こりました。フランスのチームにはコミュニケーションの専門家がいましたのでやり方を変え、住民の人たちが何に困っているのかという話を聞き始めました。そして重要な 6 つの問題があることが分かり、一つずつ住民と一緒に解決をし始めました。一番成功したと言われているのは、お子さんの放射線防護をやったワーキンググループです。

これはお母さんたちと協力をしてやりました。まず、お母さんたちがどこが危険なのかということが分かっていない、ということが分かりました。先程話しましたように、植物の根から放射性物質が吸収されているので森の中が一番危険ですけれども、子供たちは夏休みなどに帰ってくると林や森で遊んでしまうわけです。それで、お母さんたちと住宅の中や庭、子供たちが遊ぶ所の放射能のレベルを測定して、どこが危険かを一緒に勉強していきました。それから、お母さんというのは家族の健康や食事に一番気を配っているわけです。牛乳を飲むなと言われる訳ですけれども、育ち盛りの子供たちに牛乳を飲ませないのは、お母さんたちにとって非常にジレンマになるわけです。そこで、普段どんな食事をしているかを調査して、何をどのくらい食べてもよいかについて一緒に考えるという活動をしました。これが、新しいリスクコミュニケーションの例です。

2つの事例から分かるように、これまでのリスクコミュニケーションは、専門家などがリスク評価をしてリスク管理を決めてから伝えるというものでした。ですから説得や教育だったのです。今の、これからのリスクコミュニケーションとは、リスクの程度やリスク管理の方法を一緒に考えましょうというものです。一番重要なポイントは、私たち一人一人にはリスクについて知る権利がありますし、決定する権利がある。この基本的な権利に基づいてコミュニケーションをするということです。

東海村でのリスクコミュニケーション活動

ここから東海村のリスクコミュニケーションについてお話しします。そもそも私が東海村に足を踏み入れたのは1999（平成11）年10月18日です。JCO事故の後、住民の方々の調査にご協力をしたいということを東海村に申し出るために、初めて東海駅に降り立ちました。村にご協力して、12月に事故の時の心配事や、どのようなことが不満だったかなど、いろいろなお話をうかがう調査をしました。そこで、とても印象に残った声が2つありました。一つは、別に事故のことはもうおさまったし、不安ではないよという方がいらっしゃいました。でも、今後は原子力のリスクと一緒に暮らしているということをもっと意識しなければいけない、とおっしゃいました。今までは、安全にやってくれているからいいだろうと思っていた方たちから、このような意見が出ました。

もう一つ、これは割と女性の方に多かったのですが、今も不安だけれども、不安だということを話せないということをおっしゃる方がいらっしゃいました。今までも、原子力についてあまりフランクに話せなかった。そういう声がありました。私たちはこういう状況だからこそ、東海村でリスクコミュニケーションを始めるべきだと思って、東海村にリスクコミュニケーションをやりませんかと、やってくださいと、お願いをしました。私たちもお手伝いができないままに時間が経っていき、その中でやはり事故の記憶は風化していきますし、だんだん前の雰囲気が戻りつつあるなあと感じていたときに、原子力安全・保安院の研究プロジェクトを立ち上げました。

これは、住民の皆さんにも参加していただいたプロジェクトで、茨城大学の帯刀先生にも参加していただいて、役場や旧核燃料サイクル開発機構のリスクコミュニケーション研究班の皆さんと一緒にやらせていただきました。これから、Cキューブと呼ばせていただきます。Cキューブとは、地域社会（コミュニティ）とコミュニケーションし、コラボレーションするということで、英語で書くとCが3つあるのでCキューブと言っています。覚えてください。よろしくお願いします。

住民による原子力施設の視察プログラム

Cキューブの活動の一番重要なところは、原子力事業所が日頃からどんな安全対策をとっているのかを勉強しつつ、住民の視点でこのようなことをやって欲しいという提言をする活動です。研究プロジェクトでは、住民の声が届けば何かが変わることを示すプロジェクトをやりたいと考えました。そこで「東海村の環境と原子力安全について提言する会」（以下、提言する会）というのを設けて、研究者の考えや計画に従っていただくのではなく、自ら参加してくださった住民の皆さんに活動を決めていただきました。そこで決まったのが原子力事業所の住民視察プログラムです。

視察プログラムのコンセプトは「いつもの見学会ではないものを」ということです。村や事業所の企画する見学会ではないものをやりたいというのが提言する会の意見でした。事業所が作った見学コースにしたがって行うのではなく、最初からどこを見ましょうかと議論します。見学に行く前に何をしているところなのか説明をしていただき、住民側も勉強します。当日現場を見て、気が付いたことを一緒に議論をする。そして、帰って来たら、それぞれ感想文を書く。これらをまとめて事業所毎に提出し、このレポートについて事業所側から意見をいただく。このように、何度も何度も事業所に行き、大変ご迷惑をおかけしているプログラムであります。視察をやらせていただいた事業所では、しつこく押しかけるCキューブに対して丁寧にお答えいただいております。

それから、事業所が万全の対策をしていても万が一のことがあるというのが、JCO 事故を経験された村民の方の本音なのではないでしょうか。ですから、提言する会もＣキューブも村の防災訓練に参加させていただいて、村へも提案させていただいております。昔は防災訓練当日に行きますと、対策本部はこのようにすべてセットされておりまして、事故が起こるのを待ち構えている状況でした。今は机を並べ替えるところからやられるので、大分現実に近い訓練になっています。Ｃキューブはシナリオ通りの訓練はうまくいくようになってきたので、現実に近い訓練や第三者の目を入れることを提言させていただいております。

提言する会に参加した方々のアンケート結果をご紹介します。活動に参加して自分はとても変わったという意見が出されています。私たちが嬉しく思ったのは、原子力について意見を言いたくなったとか、住民の活動に自信がもてるようになったというご意見があったことです。もちろん、知るということは疑問も増えることですけれども、無関心よりはいいのではないでしょうか。しかし、私たちの研究プロジェクトの事務局に「素人の住民が何も知識もないのに事業所に行って何になるのだ、事業所の迷惑になるだけだ」という投書が届いたことがあります。本当にそういう方が多いのだろうかと、東海村や周辺の方たちにどういうふうに思いますかということでアンケートをとりました。嬉しいことに、意味がないとおっしゃる方は少なくて、むしろ、原子力事業者に住民の視点を意識させる意味で、意義があると考えておられる方が多いという結果でした。特に東海村の方は住民が関与することに意味があるという方が多い結果でした。是非、皆さんにもＣキューブに入っていただいて活動していただけるとありがたいなと思うのですが、この調査結果だけでも私たちは心強い思いをしております。

住民の意見と事業所の考えの違い

一方、視察を受けられた事業者の方はどうだったのかと言いますと、住民の提案を受けて改善してくださる事業所がほとんどでした。非常に住民の目というのは大事だという御意見をアンケートでいただいています。ただ、最後の最後まで提言する会と事業者が平行線の時もあるんですね。私が端で見ていて違いがあるなというのを比較してみました。例えば、原子力事業所で一番気をつけなければいけないのは放射性物質の管理ですので、事業所の方はそこに重点をおかれています。でも、住民の人たちは事業所全体が安全であることを重視しています。働く人の安全も関係あるし、下請けの人たちへの安全も考えて欲しいし、放射線ばかりに目が向いて、そうではないところの問題を見落としていないかということを心配しています。また、原子力事業所というのは厳しい規制の下で運営されていますが、住民側は規制に沿ってという話では納得いきません。自分たちの安全をどう考えたかというのを説明して欲しいと思っています。十分な訓練や教育をしていますよと、事業所の皆さんはよく言われるのですが、そうは言っても不慣れな人もいるのではないか、ウッカリということもあるのではないか、非常時に気付かないことがあるのではないか。そのようなことも考えてほしいと言っています。例えば、この会場でも落ち着いている時は非常口も分かりますが、煙が出た瞬間に皆さんはバタバタと階段を転げ落ちるかもしれません。万が一ということへの対応について、住民の意見と事業者の考えとが平行線になる時があります。

こういう違いはありますが、この活動を続けたいと思い、NPO 活動をやっています。若い方には特に参加して欲しいなというのが、C キューブの願いです。若い方だけではなく、ここに、お集まりの皆さんからのご支援を得られたらなと思います。これからも続けていきますので、是非、ご声援ください。ご清聴ありがとうございました。

熊沢　ありがとうございました。リスクコミュニケーションとは名前は聞いていましたがこういうことなのかと理解できました。
質問ございますか。

質問 1　JCO の事故の後に、住民の原子力施設に対する知識や認識はすごく上がったと思うのですけれども、逆に最近になって風化してきたなというのは、どういう時ですか。

土屋　何をもって風化したと判断するかは難しいと思います。今でも防災訓練に参加する方は熱心ですし、参加すれば原子力のリスクについて考える機会になっているようです。つい最近、茨城県の県民意識を調査しました。結果を報告書に取りまとめ中なので、もうすぐ公開されます。そのデータによると、原子力は危険だという意見が、JCO 事故後は多かったのですが、最近は JCO 事故前の状態に戻っています。

質問 2　C キューブという活動があるということを今日初めて知ったのですが、このような活動が他分野に活用されるような実例や予定はあるのですか。

土屋　化学会社が積極的に地域住民の方たちへ工場からどんなものが出ているかという話をする活動をしています。原子力関係の活動ですと、東海村では住民主体でボランティアでやっていますが、新潟県の柏崎市では行政がやっている「柏崎刈羽原子力発電所の透明性を考える地域の会」というのがあります。食の安全については、食品安全委員会が全国を回って、リスクコミュニケーションについてやっています。これは単なる説明会ではないかという意見もありますが、リスクコミュニケーションの活動にはいろいろなものがあります。むしろ原子力以外で沢山見つけていただければありがたいと思います。

質問 3　質問ではないのですが、C キューブという活動を前から聞いておりますが、具体的にどういうことかわからなかったので、今日の話で分かりました。実は、私たちも同じような活動をしております。リコッティの 2 階で、リスクコミュニケーション室の方たちの指導を受けながら、住民初の原子力に関する情報を発信しようということで、月 4 週のうちの 3 回集まってやっているのですが、そこでは、子供向けに、原子力カルタや人生ゲームのようなものを使い、小学生や中学生にも分かりやすく PR しようと、そして、お父さんやお母さんにも理解を深め広めて行こうという活動をしているのです。C キューブの活動は、パンフレットが置いてあるのを見るのですが、大変難しいなあと思っております。できたら、同じような活動をしているので、関連を持たせていただきながら進めていけたら……、なお、東海村の村民への PR、正しくリスクを理解することが大事なんですよね。事業所が発する情報ではなく、住民が自分の問題として発信するというようなことで、ご指導いただき進められたらと思います。

土屋　失礼しました。東海村の地元でもリスクコミュニケーションを活動していらっしゃって、私どもは事業所に対して働きかけをしていますが、皆さんの活動は住民の方々に目を向けていらっしゃるものだと思います。一度、交流会をさせていただきました。これからもよろしくお願いします。

熊沢　リスクコミュニケーションは、大変なことと思うのですけども、事業者の方も、参加する方も、大変ですね。やはり東海村初でこんな事をされているということは、素晴らしいし、どんどん続けられたらいいと思います。

　では、時間が来ましたので、もう一度、拍手をお願いします。ありがとうございました。

Ⅲ－4　避難所までの経路のコンピュータシミュレーション

茨城大学工学部講師　桑原　祐史

熊沢　皆さん、おはようございます。

工学部の都市システム工学科の桑原先生に講義をお願いします。桑原先生は、衛星画像を通じて、ハイテク機器を用いて、地図情報や道路の情報を組み合わせ、避難経路をどうしたらよいか、コンピュータシミュレーションによる研究をされています。

それでは、桑原先生、よろしくお願いいたします。

桑原　皆さん、おはようございます。ご紹介いただきました、茨城大学工学部都市システム工学科講師の桑原と申します。このような場であまり話をしたことがないので、少々緊張気味ですが、どうぞよろしくお願いいたします。

イントロダクション

今日、私がお話をさせて頂く内容は、東海村における避難経路選定時の地理情報の活用についてです。遠隔から探査したデータを用いて、現在の地表面の高さや地図のマッピングが解析データとして出てきます。私は、東海村の研究とは別に、スマトラ沖の地震発生から数ヶ月後に、津波災害地域に行きました。その中で、とても心に残っているのは、波が引くということはどういうことなのか、現地の人たちがその現象を知らなかったということです。津波がどういうものかわからない人は、魚がはねていると興味深いものですから、それを見に行ってしまい、災害に遭われました。違う話題で驚いたのは、津波に関する知識があったために「これは逃げるのだ」ということで、隣の人を叩いて引っ張り逃げることで、津波から助かったということです。これらの点を考えると、災害はいつ起こるかわからないものですから、定常時に、災害発生時にはどのような行動を取ったら良いのか、ということを想定しておくことが大切であるということです。人間誰しもいろいろな事を考えなければいけない時、例えばレポートの提出が今日までだけど他にも提出物がある時や、いろいろ考えなければいけないことが同時に増えた時など、瞬間的に物事を判断することが必要になります。このような時に、起こりえる事象とその対応を想起しておくことが必要になるわけです。

解析技術と技術の現状

それでは、まず、解析技術とその現況について説明します。各種映像のデータや、道路、地理、土地利用、このような基盤的なデータは、現在、国土地理院でその多くがデジタル化され、皆さんは自由に入手することができます。また、主題別の地図や報告書をコンピューターの中に入れやすいようにデータを溜めて変換できるようになっています。測量されたデータはすべて座標点で管理されています。これは、皆さんがグラフを書くとき、X 軸 Y 軸に点を打つ作業にあたります。地図上での座標は緯度と経度ですが、単位をメートルに変換する事もあります。どこで道路が曲がっているとか、どこの土地からどこの土地まで建物になっているという境界線が緯度と経度でプロットされる、そこを線で結ぶと面のように見えてきます。こういうデータを整備していきましょうという話が自然災害の話でも多く出てきます。今日の話題は東海村についてですが、先程のスマトラの話でもそうですし阪神淡路大震災や山古志村の災害時にも、復旧と復興を考える際にマップが非常に大切になりました。

まず皆さんに知ってもらいたいデータとして空間データ基盤があります。見なれない図と思いますが、データでは全ての道路が同じ太さで書いてあります。道路の中心線だけを表現しているものです。次に衛星データの話に移ります。現在、地上対応 4 メートルの解像度を有する映像が日本ほぼ全域で撮られ続けています。4 メートル解像度が最高という訳ではなく、既に 50 センチメートルという極めて高い解像度の映像も撮影されています。しかし、地球観測衛星は地表に対して、真北から真南に飛んでいないため、映像の上は北になっていません。このような時に、空間データ基盤等を使って補正処理をします。

次に、東海村の標高データに話題を移しましょう。通常、標高と地物との位置関係を話題にすることが多いため、標高データに地図の情報を重ね合わせます。その結果、このラインで常磐線、日立港、久慈川などが判読できます。このようなデータを数値標高データと呼びますが、東海村の中を格子状に区切って、その格子中の平均的な高さをコンピューターの中に入れたものとなります。図中では、標高の高低に応じて段階的に異なる色を割り当てます。すると、標高が高いところから低いところに応じて徐々に段階的に色が変わっていく標高区分図を作ることができます。このようなデータがあると何がわかるかというと、地図に引いてある等高線というのは高さを示しているわけですが、実際に、ある点からある点までの距離を出す時、高さの分を考慮に入れないと実際の2点間の距離にはなりませんね。実際の実距離を出す時、標高のデータというのが大切になってきます。類するデータの作成技術はどんどん進歩していまして、レーザープロファイラーという技術によると数十センチメートルピッチで高さを出していけるという技術があります。

もう一つ、GPSは皆さんご存知のことと思います。これは、車で使っているカーナビにも利用されています。カーナビというのはGPSの電波をキャッチしています。このGPSとデジタルカメラを接続すると、ファイルや画像上に緯経度が表示される機器を私は現地調査で使いました。

次に、経路探索の話に入っていきたいと思います。この研究で使った方法は、ダイクストラ法という探索方法です。地表面上に出発点を設け、一方で目的地を設定します。今回の分析は、ある団地から避難所までの最短距離を求めることを目的としますので、実際の地図上の道路の長さを探索のための距離データとして準備し、目的地となる避難所に向かって最短となる道筋を最終的に選択するということになります。

東海村の地理情報作成結果

以上、要素技術の説明をしましたが、続いて作成したGISデータについて説明します。本研究では、東海村の世帯数、人口比、町丁字、主要道路の内訳、道路延長、路線の幅の情報を収集し、GISで分析することができる空間情報を構築しました。ここまでお話した方法やデータを基にして、基礎のデータを作るお話です。空間データ基盤の上に、小学校、避難所の場所、主要な道路をプロットしてみると、東海村駅周辺や団地に人口が密集しているということがわかります。村道は、新規に1本整備されましたが、これらのデータを基にして、主要道路の延長に路線幅をかけ、人口で除すると、市民1人が道路を占有できる面積を算定できます。実際の移動時には、時間毎に人数変化があるため、この式通りにはなりませんが、道路面積のポテンシャルを示すものになります。混雑が起こった場合どこが混んでくるのかということを示す一つのデータになると考えられます。

時間距離マップの作成結果

ここから時間距離マップの作成になります。平面におけるマップや、高さを考慮したマップ、路線と距離を対象としたマップを作っていきます。標準的な移動速度は、土木関連の本の中にある施設設計時に用いる標準的なデータを調べてきました。起点は、緑が丘団地として、東海第2原子力発電所で何か起きたと仮定し、避難所に指定されている東海高校までの移動を対象とします。

今回は混雑時の車の評定速度のデータを使います。まず、歩行者の時間距離のデータをもとに、距離マップを作成しました（図Ⅲ－4－1）。東海村の緑が丘団地を起点として、5分の円、そして10分の円のところまで、計算上移動することができることを示した等距離マップを作成しました。私は今回、コンピューター上に図面を描きましたが、何もコンピュータを使う必要はありません。皆さんは、書店に行くと25000分の1の地形図を買うことができます。その地図上に、自分で任意の半径で円を描いてみると、平面に見立てた時には、同様な図ができます。車でも速度を変えるだけで同様な図面を作ることができます。そして、ちょっとおちついて良く考えてみると、この図には、あるトリックが含まれていることに気づくかと思います。それは円です。円はおかしいですよね。実際は団地から出て行く時に、畑や川、田の部分をザクザクと横断するということはできませんから、本来ならば道路に沿って移動距離は広がっていかなければおかしいことになります。路線毎に全部の経路をプロットすることは作業上大変なので、代表的な点をとって広げると、実際に移動す

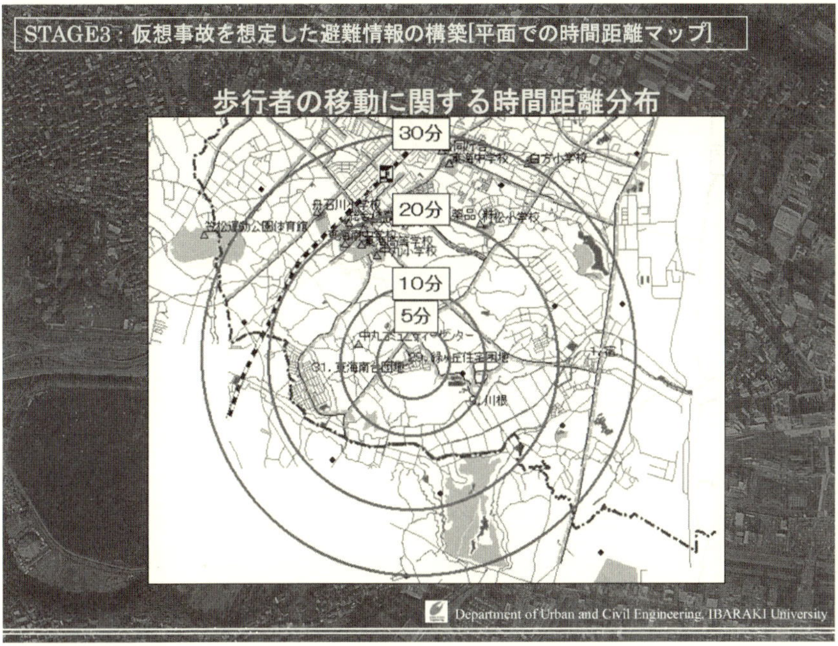

図Ⅲ－4－1　時間距離マップ（単純な平面距離）

ることができる範囲を推定することができます。また、考えをめぐらして行くと、この図には地形の高低が考慮されていないことに気づくかと思います。先程説明をした50メートル標高で、ある点からある点まで移動する際に、高低差を基にして、高さの分を考慮した平面距離を求める計算をすると、移動できる範囲はどのように変わるのか、という情報を加えてみます。そうすると、移動できる範囲が少し変わります。時間あたりに移動できる距離がまたもや変わってきます。

続いて、今度は混雑を考慮に入れた移動範囲を推定してみたいと思います。仮定したシナリオについて説明します。東海村第2原子力発電所で事故が発生したと仮定します。春季の午後を想定すると、風の影響があるので、団地住民の避難場所は東海高校になります。今回、簡単にするために、信号の待ち時間というのは考慮には入れません。この仮定に基づくと、4分程度で団地から東海高校まで行けることになります。続いて、交差点における車の流入を考慮

図Ⅲ－4－2　時間距離マップ（混雑の影響＋車移動）

に入れ、混雑を仮定すると、図Ⅲ－4－2に示すように12分程度になります。団地から高校までの避難は、通常、歩行を想定するわけですが、今回のシミュレーションでは車での移動を例としてみました。避難時には思わぬ混雑が発生すると想定されますが、単純に、交差点での車の流入を考慮に入れた場合でも、3倍かかることがわかりました。

移動を妨げるバリアの調査結果

では、最後にバリアの情報について検討してみたいと思います。東海村は北に久慈川が流れております。南側は田になっております。国道245号線が海側に位置し、西には常磐自動車道、国道6号線があります。また、村から東西に移動したい場合には、JR常磐線を跨ぐ必要があります。この時に、どのような土地利用箇所を経る必要があるのだろうか。これも歩いて調査してみました。すべてのバリアを私自身が網羅しているわけではありませんが、移動する時に、そこに「何がある」のかということがポイントになります。調査では、一つ、村内にある踏切に注目しました。2台の車がすれ違うことができないような小さな踏切です。その構造は、線路を挟んで上下する、かなり高低差のある構造になっています。定常時の移動を考えただけでも、この踏切は対面交通に対して不都合があります。では、緊急時にはどうなるかということですが、踏切の脇には側溝がありまして、しかもその背面には柵もありました。究極の移動時に、様々な障害になると推定できます。次に、橋梁に着目しました。久慈川にかかる橋梁です。加えて、村内のほぼ中央部に位置する陸橋に注目しました。

これらの現況から、線路とその周辺はできることならば平坦な形状に整備し、陸橋の脇に車を止めることができるバッファーを準備することが必要ではないか、と考えられました。橋梁付近で通行止めにする必要が生じた際に、戻る車と直進してくる車が交錯し、渋滞が発生することが想定できます。また、各所のコミュニティーセンターを調査したのですが、センターへのアプローチ路線が曲線状を呈しており、また、道幅が狭い箇所もありました。広げることはできないものか、と感じます。

まとめ

今までの説明をまとめますと、人口の分布、地区ごとの普及率、占有率、施設の分布についてマッピングを行いました。住民の、移動に要する時間とルート作成方法を示すとともに、バリアを示しました。GISシステムが無いと出来ない、と思われたかもしれませんが、現在、インターネットの検索エンジンの中に地図のビューアーがあり、いろいろな会社の製品をフリーで閲覧することができます。この地図は、販売されている地図製品の一つです。ここでは、東海駅付近を事例として示しましたが、もしパソコンをお持ちでしたらこのような地図を買ってみると、先程、私の計算でやったような経路探索もボタン一つのコマンドがあり、出発点と到着地点を指定してあげれば簡単に計算をしてくれます。ご自宅を起点にして、避難場所や立ち寄りの場所を設定する、そして、自転車での移動など、移動方法も設定することができます。先程は大通りの部分を移動する経路が出ていましたが、このソフトウェア上では、自転車での移動では裏道を通った経路が出てきます。確かに感覚からいっても大通りを通るのではなく抜け道的なところを自転車では行けそうですね。その経路が良いかどうかは検討の余地はありますが、経路選択の条件はいろいろあり得る、つまり、個人の条件を定常時に想起しておくことが重要であることがわかると思います。

では、時間になりましたので、これで説明を終わらせていただきたいと思います。

熊沢　ありがとうございました。大変丁寧な研究成果に基づいたご講演どうもありがとうございました。

質問がある方は、手をあげてください。まずは、車で移動すると、たぶんパニックになったり、混雑があると思うので、少なくとも通常の時間の 3 倍以上かかるというふうに見ておいた方がよろしいのでしょうかね。もうひとつは、自転車だったら、ほぼ車と時間的には変わらないというふうに理解してよろしいのでしょうか。

桑原　自転車の方が、移動速度は落ちますが、移動のスムーズさを考えたときには、自転車の方が良いと考えられますし、自由度はあるのではないかと思います。

熊沢　車の使用は制限されると思います。駐車場場所がそろっているかということも問題ですし、村の方としては、車での移動は、ダメですよね。基本的に移動は徒歩か自転車という形で考えて欲しいという形でよろしいでしょうか。村の方、どうですか。

（村役場の関係者の方から自動車ではなく、自転車か徒歩で避難所まで来てほしいとの回答がありました。）

はい、そういうことらしいです。よく考えていただければ、高齢者や有賀先生のような身体障害者の方が車椅子で避難する場合もあります。そういう方のために駐車場を開けておくという考えも頭の中にいれておいた方がいいと思うのです。サァーッと動ける人は、自転車で動くというような方向を考えておいた方が良いし、自分にもプラスになるのではないかと思います。そのようなことを踏まえて、マップを作ってみたらいかがでしょうか。もう一つは、学生さん達や一般の方も、自分の立場として一度、避難経路をシミュレーションした方がいいかもしれません。実際に、避難所まで歩いてみるとか、或いは、自転車で行ってみるとか、そのようなことを一度シミュレーションしておくと違うと思います。そこが重要なところだと思います。実は私もJCO事故当初は娘が小さくて、状況を把握して家に帰った瞬間に、今後どうなるかわからないと判断し、家内と話し合ってすぐに家内の実家まで逃げました。私の自宅はひたちなか市で、屋内待避の10km圏外だったのですが避難しました。家内の実家に1週間くらい、ほとぼりが冷めるまで居候させてもらいました。どういうふうに逃げるかということを、常に考えておかないと、高速道路が使えないし、封鎖されていてはダメだし、国道も封鎖される恐れがあります。その時に、この道を使ってこうしよう等と、それぞれの方がご自身で避難経路の選択をやっておいた方が良いと思います。事故の情報を把握した上で、自分自身がどう避難するかということを考えることは重要です。大きな事故であれば、水戸市にいても安全かとも思えないし、もちろん、東京にいても安全かどうか分かりません。風向きによっては危険な場所も変化します。そのあたり、よく注意をして、行動するように考えていただければと思います。

桑原先生、丁寧なお話ありがとうございました。

Ⅲ－5　避難所のバリアフリーと要援護者の避難訓練

茨城大学 非常勤講師、地域総合研究所研究員　有賀　絵理

熊沢　次の講義の講師は、茨城大学非常勤講師の有賀絵理先生です。有賀先生は、茨城大学を卒業され、茨城大学地域総合研究所・客員研究員として、バリアフリーやユニバーサルデザインの研究をされています。では、有賀先生よろしくお願いします。

有賀　皆さん、こんにちは。ただいま、熊沢先生から紹介いただきました、有賀絵理です。現在、茨城大学地域総合研究所でバリアフリーやユニバーサルデザインを専門に、車椅子使用者である私自身の経験も踏まえ、研究をしています。また、非常勤講師として講義もしたり、時々、他の先生方の講義で講演をさせていただいております。私は「避難所のバリアフリー」や「災害時要援護者の避難訓練についての現状」の話をさせていただきます。

バリアフリーとユニバーサルデザイン

「バリアフリー」と一概にいっても、最近はバリアフリーよりもユニバーサルデザインという言葉の方がよく耳にすると思います。では、バリアフリーとはただ単に段差をなくすことがバリアフリーで、且つ、それをユニバーサルデザインとも言うのかと申しますと、それは違います。では、バリアフリーとはどういうことなのでしょうか。

バリアフリーとは、言葉の如く障壁を除くことであり、障がい者や高齢者のために考えられた言葉です。そして、ユニバーサルデザインとはあらゆるすべての人を指します。つまり、ユニバーサルデザインとはバリアフリーを超えたものです。極端に考えると、ユニバーサルデザインと掲げているところは誰も

が使いやすいということになります。

次に、ユニバーサルデザインの例を挙げたいと思います。まず、側溝です。皆さんが以前からよく見かける穴の大きい側溝は、滑りやすく、女性のハイヒールが入ってしまうという話をよく聞きます。コインを落としてしまったり、また手動車椅子の前輪が嵌まってしまう大きさです。穴の大きな側溝は地面が凍結すると凍ってしまい滑って転んでしまうという話も何度か聞きました。それに比べ、最近の側溝は、今は主流になってきていますので皆さんも病院の前や新しい施設などの付近で見かけたことがあるかなと思いますが、キザギザがついていてやわらかい金属でできているために地面が凍結しても滑りにくく、穴が狭くなっているためコインやヒールも嵌まりません。もちろん、手動車椅子の前輪も嵌まりません。

次に、電気のスイッチについてです。今、電気のスイッチは、タッチパネル式のところもありますが、一昔前の電気のスイッチは右に押したり、左に押したりするものでしたよね。この教室の電気のスイッチも右に押したり左に押したりする電気のスイッチです。では、タッチパネル式に替えるとユニバーサルデザインと言えますでしょうか。これはユニバーサルデザインの構造とは言えません。それはなぜか。タッチパネル式は、確かに押しやすく、軽く押しただけでも電気がついたり消えたりします。そのために、どこを軽く押してもONとOFFが可能です。私のような肢体不自由の車椅子使用者は比較的使用しやすいです。しかし、視覚障がい者の光を感じにくい方にとっては、いつ電気が点いて、いつ電気が消えたのかが分かりにくいのです。電気というのは皆さんは無意識的に点けたり消したりしますが、灯りを感じにくい方は意識的に電気の操作をします。実は、皆さんはあまり感じてはいないかもしれませんが、夜になり暗いと感じるから電気を点け、また灯りというのは他人に私は居ますよという合図にもなっているのです。視覚障がい者は後者を考え電気を点けたり消したりします。電気が点いていれば災害時も「電気が点いているから誰かいる」ということを他者から理解してもらえるからです。電気のスイッチのバリアフリーは難しいですね。

では、バリアフリーやユニバーサルデザインにするには個々違いがあり難しいですねと聞かれますと、まさにその通りです。だから、ユニバーサルデザインを考える前にバリアフリーをよく理解しておかないと、ユニバーサルデザインの社会はなかなか出来ないのです。

バリアフリー：4つのバリア

では、バリアフリーとはどういうことなのだろうか。バリアには「4つのバリア」があります。4つのバリアとは、国で定める「物理的バリア」、「制度的バリア」、「情報のバリア」、「意識上のバリア」です。物理的バリアとは、一番分かりやすく、段差や施設の不備に対するものです。段差や階段、または荷物が道を塞いでいれば、私のように車椅子使用者は進めないということがあります。それが物理的バリアです。そして制度的バリアは法律的バリアとも言われます。例えば、私が茨城大学に入学を許されたのは、私のように身体障がい者を入学拒否という決まりがなかったからです。もし、障がい者を入学拒否という決まりがあったならば、それが制度的バリアです。そして情報のバリアです。点字ブロックや案内版などの問題です。情報に関係あることが情報のバリアです。そして意識上のバリアとは、一番重要であって、4つのバリアの土台となっているものです。意識上のバリアとはココロのバリアとも言います。この解決法はまた後々話しますけれども、この意識上のバリアというのが今まで隠れていたのではないだろうかと思います。ここに重要なものがあるのです。

では、4つのバリアの解決法として、物理的バリアは、やはり段差の問題がありますので、設計・施行時から取り組むことです。制度的バリアは施設の公共性についての意識そのものに関わってきます。制度というのは、そこの国や県または市町村、公共施設、その時、そこで働いている人々の意識で変わってくるものです。そして情報のバリアです。もちろん点字の設置など情報伝達が必要不可欠です。意識上のバリアは意識のバリアや、先程も述べましたように、ココロのバリアとも言われています。これは予算的対応を必要としません。例えば、スロープの前に自転車が置いてあったとします。その自転車の持ち主の心一つで意識のバリアがバリアフリーになり、解決します。その持ち主がスロープから少し外れたところにおいてくれれば、意識のバリアから意識のバリアフリーの人に変わっていくのです。だから予算的対応を必要としない、見落とされていた問題のひとつであるといえます。

以上、簡単な説明ではありましたがバリアフリーとユニバーサルデザインでした。次に入らせていただきます。

障がい者の避難の実状

2005年、茨城大学地域総合研究所で研究論文集を出版しました。東海村の村上村長さんや熊沢先生も紹介しておられましたけれども、原子力関連の研究論文が詰まっています。そこに私の茨城県日立市久慈学区というところの災害避難場所の研究をした論文もあります。これを少し紹介させていただきます。

避難は、私のように車椅子に乗っていると容易なことではないのです。皆さんは、避難の警報が鳴ってパッと動けるかもしれませんが、私が動くには簡単なことではないのです。そこで、災害時要援護者の避難というのは、どのくらいの時間を要し、どのくらい大変なものだろうかということを、新潟中越地震など今までの災害時の障がい者の実状を調べました。

ごく一部ではありますが、やはり、そこでの結果は、障がい者の避難というのは大変だということが分かりました。まず、重複障がい者の例ですが、重複障がい者というのは簡単に説明すると、いくつかの障がいをもっていることです。重複障がい者の男の子とそのお母さんの例ですが、子どもを見る眼が気になり、避難の際、ずっとお母さんの車の中で生活していたそうです。また、知的障がい者の女性とお母さんは、障がいをおもちの女性が他人といるとパニック障害を起こしてしまったり、また声を出してしまうので、その女性のお母さんがそれらを気にして、避難の間、女性を理解してくれている他県の友人の家にいたそうです。そして呼吸器を外せない子どもとその親は、呼吸器というのは皆さんは無意識のうちに息を吸ったり吐いたりすると思うのですが、その呼吸を機械で操作をしてくれる機械です。その呼吸器は電気が必要ですので、災害が起き電気が止まってしまい子どもの命が心配だということで、お母さんは、その呼吸器と子どもを抱えて避難所まで逃げたそうです。その他には、家が崩れても自宅にいるという場合や家族で死ねればそれでいいという人、或いは他人には迷惑をかけたくないといって避難所に行かない人もいます。

このようなことが起こっていてもいいのだろうか。では私が避難できないとなったとき、逃げられないからと諦めて死ぬことを選択するだろうかと考えましたら、私は選びません。私はまだ死にたくありません。だからこそ、障がい者のこのような状況を残しておいてもいいのだろうかと思ったのです。人間は何か目的をもって生きています。だからこそ、この世に生まれてきたのだと思うのです。何かをやらないで、結果を残さないで、目的を果たさないで、死ぬことができるだろうか。今、世の中には自殺者が多いですが、その人達にも何かの使命感があったからこそ生まれてきたのです。だから、障がいがあるから何もできないだろうと諦めるのではなく、その人にはその人の使命感があると思います。だから、私はこのような状況を残しておいてはいけないと思うのです。このような状況を残さないためにも私が住んでいる茨城県日立市久慈学区の調査研究をしました。

避難場所と一時避難場所の実状

日立市は東海村の隣の市で、久慈学区は東海村とは橋を隔ててすぐの町です。JCO 臨界事故の時には 10km 圏内に入っていましたので、屋内待避が勧告されました。今回は屋内待避だからよかったのですけれども、いざ避難をしなさいとなった時に果たして避難所はバリアフリーになっているのかということを調査研究しました。

久慈学区内の避難場所と一時避難場所です。避難場所とは生活する上で滞在する場所をいいます。一時避難場所とは避難場所に行く前の集合場所となっております。一時避難場所は久慈コミュニティーセンターを含む 6 つの公園です。

久慈学区は高台にありますので崖や坂も多く、車椅子や高齢者が徒歩で動くのには厳しい町で、拙宅の避難場所は久慈小学校が指定されています。

そして、次に避難条件です。避難条件は地理的条件と UD 条件ということで、施設と公園と避難路に分けました。UD とはユニバーサルデザインの略です。

私が当時行なった避難調査の結果をお話します。まず、避難場所についてです。久慈小学校、久慈中学校、共に介助者がいないと生活できないということが分かりました。なぜかと申しますと、主に避難場所は体育館ですから階段でした。階段を上がるのにスロープも何もありませんでした。今は久慈中学校は、私の研究後、ユニバーサルデザインの体育館に改良したという報告があり、市民も利用できるということになっているようです。この当初はバリアフリーにはなっていませんでしたから、生活するのにも大変だということが分かりました。そして、多機能トイレ、いわゆる障がい者用トイレです。多目的ではなく多機能というのは、目的は用を足すということで一つなのに多目的というのはおかしいということで、多機能トイレと言われるようになっています。多機能トイレの代わりになるような簡易トイレ、いわゆるポータブルトイレというと皆さんも分かりやすいかもしれませんが、それもありません。置く場所もありません。だから介助者がいないと生活できません。そして、もう1つの避難場所である大みかゴルフ場は調査依頼を何度かしましたが、連絡がつかずデータはありません。

そして、次に一時避難場所です。久慈コミュニティーセンターは新しい施設なのでバリアフリーになっていました。多機能トイレも2ヶ所あります。エレベーターもあります。入口もフラットです。フラットとは段差も何もなく入れるという平らな状態です。そして、周りは空き地で駐車場の心配もありません。しかし一つだけ心配なのは、海が近いので津波が起きた時の避難所にはなれません。その他の一時避難場所は公園のため、原子力災害時の避難所としては壁がないので避難所とは言えません。理由は、Ⅲ－1の田切先生の講義で皆さんも理解できたと思います。そして、公園の避難所ですが、バリアだらけでした。公園の出入口には車の入構を防げる鉄棒のようなものがあり、これがバリアになっていて車椅子でも幅的になかなか入れませんでした。ですから、介助が不慣れな方が手動車椅子を押して避難する場合、公園内に入るだけで大変苦労すると思います。そして、あまり使われていない公園は地面が凸凹で歩きにくい、車椅子の場合には押しにくいということが生じてきます。また、トイレは和式トイレでした。現代の子は洋式トイレが主流になってきているために和式トイレが使えない子どもが多くなってきていると聞いたことがありますが、その子ども達が遊ぶ場の公園が和式トイレなのです。だから、なかなか使えない状態になっています。使わないから、汚い、暗い、臭いという3Kと言われるような状態でした。一時避難所に指定しているのならば整備が必要なのではないでしょうか。

このような結果を踏まえまして、障がい者の割合はどれくらいなのだろうかということを調査しました。そうすると、2004年のデータですが、日立市全体を100%とすると、久慈学区の障がい者は5.9%ですが、身体障がい者の手帳保持者の割合だけを見ると2004年11月の時点では28.4%です。障がい者には、三障がいとも手帳があります。この時点でも、身体障がい者手帳保持者は約28%いるということです。

避難訓練に取り組もう

これらの結果を踏まえ、まず、避難所の「明確さ」ということです。公園も一時避難場所と理解されていないからこそ、先ほどのような状態であり、看板もない状態だからこそ、明確さが必要です。また、明確さとは、障がい者の人数把握、避難方法、避難場所をきちんとするということも含みます。そして状況把握が必要です。同じ障がい名でも、同じ障がいの度合いでも、個々によって、その人の介助の仕方などは変わるのです。だからこそ、一人ひとりの避難方法が必要なのです。そして意識のバリアの打破です。お互いを認め合う、助けあう、支え合うことが大切です。

では、私自身が災害時要援護者のモデルとなり避難訓練をやってみようと立ち上がりました。障がい者と健常者の隔たりの壁をなくすために私は生まれてきたと自分で思っています。それなのに、災害時に、このような大きな隔たりがあってはいけない、隔たりを埋めなくてはならないと思いました。自分が立ち上がらなければ、要援護者はいつまでたっても変わらない状態であると思います。そこで、多くの方々に協力をいただいて避難訓練をやりました。見世物のような状態になってしまいましたが、見世物になっても他の要援護者が避難する際の参考になってくれれば、それでいいと思いました。茨城県と日立市をはじめ、日頃から原子力について一生懸命考えておられます方々にご協力をいただきまして、2007年9月28日金曜日に行いました。晴天でとても暑い日でした。モデルは重度身体障がい者の私です。介助者は自薦ヘルパーさんと母の2人です。そして避難先は久慈小学校が指定されている地域ですが、久慈小学校は先程も述べましたようにバリアフリーになっていないため、自宅から車で約5分、約1.2kmの久慈コミュニティーセンターを避難先にして避難訓練を実施しました。

避難訓練を行うのに準備をしようと考えました。しかし、訓練だから準備ができるのであって、訓練でなければ急には準備はできないということを考えて、身近なものを使って行ってみました。カッパ、ゴミ袋などのビニール袋、マスクなどを用意しました。

まず、健常者の例です。健常者は、紙のつなぎを着て、カッパを着て、マスクをして、手袋をして、ゴーグル、そして最後にカッパの帽子を被って準備ができます。ここまでで約2分から3分です。どんなに焦っていても身体が健康であれば5分あれば十分です。では、私はどうだったのか検証してみましょう。まず、何かを着る時には介助者は着せやすいように、また着せてもらう私も比較的楽に着られるように工夫します。まず、紙でできているつなぎを着ます。このつなぎは避難所に行った際、空気中についた放射性物質を防ぐものであるため、必ず、避難所では汚染検査と共に着替えをしたり水で流したりという作業をします。そのためにも、このつなぎを着て、避難所で簡単に着替えができるように切って捨てられるものを選択しました。しかし、このつなぎは今申したようなメリットもありますが、私のように介助が必要な人には難しいのです。何が難しいかと申しますと、つなぎは介助する人の掴みどころがないのです。そのために、私を玄関の車椅子のところまで移動するのに掴みどころがなく大変ということが分かり、その上にズボンを履きました。こういう場合のズボンは、介助する方もされる方も楽ということと、避難滞在期間がどれくらいになるか見当がつかないという事を考慮して、ジャージを選びました。そして車椅子に移乗をして身体を整えてから手袋をはめました。そして、靴を履き、マスク、ゴーグル、カッパの帽子を被り、そして、車椅子用の雨カッパも被りました。ここまでが私の準備のようですが、実はまだ準備があるのです。車椅子の防護も必要なのです。幾ら自分の用意ができても、避難先で車椅子も使用することを考えると、車椅子の防護も必要です。そこで、まず車椅子のバッテリーを覆うようなものがないかと探しましたが、そのようなものは売っていないのです。しかも、ビニール袋をかぶせただけではタイヤに絡んでしまい、かえって危険です。そこで、母のお手製で、電源部分のところのカバーを作りました。そして、避難所についたことを想定して、つなぎを切ってビニール袋に入れるという作業もできました。そのビニール袋に入れるということについては、熊沢先生の講義の防災ビデオで理解されたと思いますので、説明は不要ですね。そこまでで、一通り終了しました。この一連の流れを自宅で行いました。

では、避難準備が出来るまで何分かかったと思いますか。

10分くらいかかったと思う人？　20分くらいかかったと思う人？　少しいますね。30分くらいかかったと思う人？　あ、多いですね。40分？　いますか？　数人いますね。50分？　60分？　それ以上の人？　いませんね。この時は30分くらいかかりました。しかし今回、私は慣れている介助者ということもあり30分でできましたが、例えば、近くの人や介助に慣れていない方にお手伝いをしていただいた場合、30分以上かかると思います。もしかしたら1時間かかるかもしれません。健常者が約3分のところを、幾ら慣れている介助者でも私は30分かかりました。この一連の作業は簡単なようですが、30分は本当に大変だったのです。やってみないとわからないかもしれませんが、「大変」という一言しか感想がないくらい大変でした。訓練で慣れている介助者だから一連の作業ができましたけど、いざ本番になったら、ここまでできるかなと思います。避難する前に嫌になってしまい、途中で放棄しているかもしれません。

避難のための事前調査

この30分を縮めるのには、どうしたらいいかということを考えました。そこで事前調査をすればいいのではないだろうかと思いました。昨今、事前調査を実施している市町村が出てきています。しかし事前調査をする項目は様々です。今回の避難訓練により、要援護者が避難事前に、何が必要であるか、何をしてもらいたいか、生活する上で、または避難する上で何が必要不可欠であるかが理解りました。そこで、災害が起きる前に個々の状態や避難方法、避難をする際の注意点などを試案し、事前調査項目を作りました。事前調査項目は個人情報保護法やプライバシーの問題があり、または一人ひとり、個々の事前調査をやるのには時間も、人手もかかり、とても大変なことであり難しい面も多々あると思います。しかし、個人情報保護法やプライバシーの問題などと言ってはいられません。命が関わることです。また、一軒一軒歩くことにより、要援護者自身が「私たちのことを考えてくれている」と不安軽減に繋げることもでき、災害が起きたときも、事前調査をしているから、何らかの形で、家族が一緒に逃げることはできなくても、きっと誰かが安否確認に来てくれるだろうと思うこともでき、「死」を考える人も少なくなると思います。慣れていない介助者が来た時にでも、避難させることができると思います。そのようなことがわかれば時間が短縮できると思うのです。

もう一つあります。私のように身体が不自由でも、話すことができれば、このようにお願いしますと介助する方法も説明できると思います。しかし、言語障害があったり、知的障害があったり、自分のことが言葉で主張できない人が、世の中にはたくさんいます。言葉を発することができないから相手に理解をしてもらえず、この人は何もできないと決めつけられてしまう人もいます。そのようにお話が苦手な人たちのためにも、この事前調査とはとても大切なことです。個人情報保護法やプライバシーの問題でできない部分もあると思います。できるところから始めようではありませんか。私で30分かかるのだから、言葉を発するのが苦手な人は、それ以上かかるし、持ち方によっては骨折しやすい人もいるのです。また関節が曲がりにくい人もいます。だからこそ、事前調査はとても大切です。また、その人のスタイルで避難した方がパニック障害を防げたり不安な気持ちを少し減らすこともできるのです。これは、決して行政や私たち当事者だけの問題ではありません。1人でも多くの協力者がいれば、それだけ進むのも早いと思います。意外に大変だからこそ、考えることもたくさんあるからこそ、後回しにし、やらなくてはいけないのはわかっているけれど踏み出せない、という面もあると思います。少しでも多くの人の命が助かり、その人の人生が楽しかったといえるような一生を送っていただきたいです。

ココロのバリアフリー人になろう

まとめに入ります。最大の問題を解決するには一人ひとりの心のバリアフリーです。そして、物事には原因があれば結果があります。結果があれば原因があります。先程話した過去の災害の障がい者の事例があれば、その反省を踏まえて、原因の追求と今後の発展につなげていく必要があります。そして誰もが避難できるような避難マニュアルを作成していくことが重要課題です。また、要援護者の人たち自身も、積極的に避難訓練に参加することが大切です。JCO 臨界事故が起きてからは避難訓練も多くなってきました。しかし、その参加者は健常者ばかりであって障がい者の参加が少ないと防災士の方も仰っておりました。健常者ばかりが壁を作っているのではありません。障がい者自身も積極的に出て、自分がいるのだと、自分もこの地域に住んでいるのだということをアピールしていくことも大切でしょう。そして、何と言っても意識のバリアの重要性です。意識のバリアの解決により、障がい者と健常者の隔たりもなくなります。私が大学生の時代、私が所属していた大嶋研究室では、先生方も学友も私を障がい者と視ず、一人の人間として同じように接し、同じように学びました。先生や友人の協力があったからこそ出来たことではありますが、友人は何かあるとすぐに私が障がい者であることを忘れてしまうと言ってくれ、今では親友としておつき合いもしています。私には出来ないことがたくさんあります。しかし、健常者の友人にも苦手なことがあります。お互いに出来ないことは出来ないと言って、支えあい、認め合い、協力し合うことができたからこそ、頑張り過ぎず、友人以上の親友になれたのだと思います。研究室という小さな世界かもしれませんが、そこにはバリアフリーを越えたユニバーサルデザインの世界があったからこそ、必ず、社会でも、意識のバリアフリーを超えたユニバーサルデザインの世界がくると思えるのです。

皆さんも、今日からはココロのバリアフリー人になっていきませんか。人のためにやっているとか、やってあげたではなく、人のために、させていただいた時、自分にも因果応報の理の如く、必ず自分が苦しい時に助けてくれる人が出てきます。だからこそ、皆さんもココロのバリアフリー人になりませんか。

では、そろそろ時間ですので、私の話は終わりにします。ご清聴、ありがとうございました。

熊沢　ありがとうございました。

デンマークやスェーデンの北欧の国では、町の中に障がい者が多いです。だからといってその国には障がい者が多いわけではありません。ごく当たり前にショッピングができたり喫茶店でコーヒーを飲んだりができ、障がい者が街に出られるような制度になっているようですね。

有賀　日本は地下鉄を作ったり、技術の面は世界トップレベルだと思うのです。しかし、その技術が福祉機器にはまだあまり使われていないというのも現状です。最近、洗濯機などでユニバーサルデザインのものが出てきましたけれども、まだまだ障がい当事者が生活する上で必要なものには手をかけられていないというか、目を向けられていないという部分があります。

工学部の皆さんが多いので、是非とも、皆さんがいろいろ考えて作ってみてはいかがでしょうか。

熊沢　そうですね。有賀先生の講義で目の不自由な人がメモの代わりにコンピュータで点字が出てくるシステムを使われていたのを見ました。そういう補助装置が新しいビジネスチャンスになるのではないかと思います。工学部の人は特によく聞いておくといいかもしれません。

これから、どんどん高齢化社会になっていきます。日本だけでなく、お隣の中国も少子化で高齢者が増えます。そうすると当たり前の事ですけれど、何億人もの人が高齢者になるのです。ですから、そういうところにできるだけ貢献をしていくことが、ビジネスチャンスになるのです。農学部の学生さんは農村で高齢者が増えていきますので、バリアフリー農業みたいな開発をするチャンスもあります。教育学部の学生さんではココロのバリアフリーの教育をしたり、人文学部の学生さんでは、どういう社会制度がいいのかなど様々な立場から考えられます。

では、拍手をお願いします。ありがとうございました。

Ⅳ　まちづくりは続く—リスクに向き合いながら

（上）「救護所・避難所の住民たち」東海村企画課提供
（下）「茨城県産品の安全キャンペーン」東海村企画課提供

Ⅳ－1　原子力施設の立地と東海村の変化

福島高専建設環境工学科 准教授　齊藤　充弘

熊沢　それでは、福島高専の齊藤充弘先生です。茨城大学のご出身です。JCO事故のころは齊藤さんが博士号を取得された直後で、私達が文部科学省から取得した科学研究費で研究に参加して頂きました。

よろしくお願いします。

東海村・原子力に対する意識

齊藤　齊藤です。よろしくお願いします。始める前に、皆さんの東海村や原子力に対する意識を聞かせてください。質問をいくつかさせてください。

まず、東海村についてです。今日、東海村から来られた方は挙手願います。ありがとうございます。次に、住んではいないが、東海村には行ったことがあるよという方、お願いします。次に、行ったことはないが、名前だけは聞いたことがあるよという方、お願いします。最後に、東海村は知らないという方、お願いします。つづいて、原子力についてお聞かせください。選択肢は、三つです。こわいと思う方？　まったく危険性は感じないと思う方？　よく分からないと思う方？　ありがとうございました。最後に、東海村に住みたいと思うかについてお聞かせください。住みたいなと思う方？　勤務先など、条件に

東海村を知っていますか？
・住んでいる　7人
・行ったことがある　90人
・名前だけ聞いたことがある　0人
・全く知らない　0人

原子力について
・こわい、危険と思う　45人
・まったく危険性は感じない　15人
・よく分からない　40人

東海村に住みたいと思いますか？
・住みたいと思う　1人
・条件によっては、住んでもよい　75人
・絶対に、住みたくない　0人
・どちらとも言えない　30人

図Ⅳ－1－1　出席者の意識

よっては住むという方？　絶対に住みたくないという方？　どちらとも言えないという方？　ありがとうございました。

東海村に住んでいる方は7人居ました。東海村を知らないという方はゼロです。原子力については、怖い、危険と思うという方が45人くらい。一方で、よくわからないという方も40人程いました。東海村について積極的に住みたいという方は1人、絶対に住みたくないという方はゼロでした。なぜお聞きしたかと申しますと、みなさんは今日は3日目の授業ですのでJCO事故については概ね知っていると思います。その時のことを東海村という視点から見たときに、事故からどういう影響を受けたのか、またそれ以前に、原子力をつくって東海村がどう変わったかということをご紹介していきたいと思います。

地図でみる東海村の変化

まず、東海村について地図をご覧ください。昭和初期の頃の東海村の地図になります。所々、黒いものが確認できると思いますが、これは集落になります。集落が東海村のあちこちにあって、残りの部分はほぼ農地です。芋畑が

図Ⅳ－1－2　東海村（昭和初期）

※東海村史より

図Ⅳ－1－3　東海村（原子力施設立地後）

※平成12年国土地理院発行2万5千分の一地形図より

中心であると言われていたのですが、畑や水田、或いは平地林といった自然が多い中に集落が点々としていたのが、東海村の以前の姿です。これが最近どうなったかとなると、次の地図です。先程の地図と比べてみますと、大きく変わったと理解できると思います。一気に都市化が進んで、街が形成されてきたことがわかると思います。このように変わったのは、原子力、或いは原子力関連施設が大きく影響してきたからと言うことができます。単に、農村から今のような都市化が進んだわけではありません。都市化、市街化の過程に、原子力というものの存在が東海村にとっては大きかったということが言えるかと思います。そのことを最初にお話できればと思っております。

二つの視点

JCO 臨界事故が発生したのは 1999 年ですから、もうすぐ 10 年になります。一連の授業において指摘されていると思うのですが、地域住民、地域社会の視点から見て、東海村に起こった臨界事故の問題点として、大きく二つのことが指摘できます。

東海村には、たくさんの原子力関連施設が立地されております。その原子力

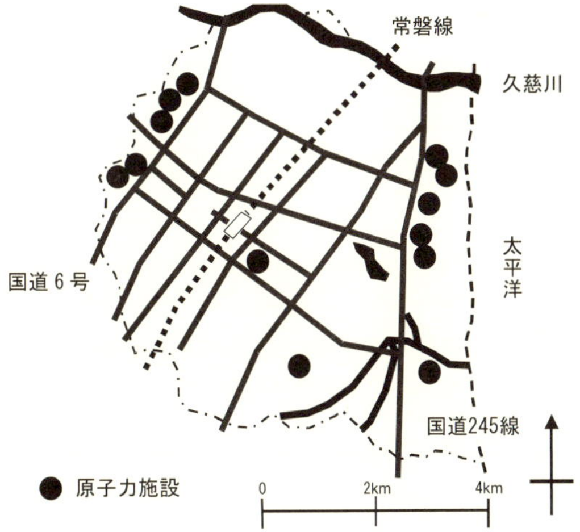

図Ⅳ－1－4　原子力施設の立地

施設の立地場所が、一つの問題点として指摘できます。原子力施設は、一定の場所になくて村のあちこちに分散して立地されています。近くには、もちろん、畑や水田といった農地もありますし、住宅もあるということで、いろいろな土地利用が混在しています。模式的に図で表してみるとこうなります。丸印が原子力発電所を含めた原子力関連施設です。全部で13ある施設が、分散していることが、この図からもわかると思います。こういったことが、原子力事故が発生した時に受けた影響の一つの原因になるのではないかということが指摘できます。さらに、施設の立地場所と共に、地域住民の防災意識も一つの問題点として指摘できます。これは、原子力施設や原子力についての評価、或いは意識のもちようといったこととして言えるかと思います。具体的には後ほど述べさせていただきます。

まず、このような村内における原子力施設の立地状況について、一般的に私が聞いた意見の中で大きく二つに分けることができます。一つは、13の原子力施設が村のいたるところにあって、さすが原子力のまち東海村だなと、さすが原子力の発祥の地と言われるだけのことはあるなという意見です。もう一つは、もしかしたら事故が起こるかもしれない危ないものが村のあちこちにあって、万が一のとき危険ではないのかという意見です。このように、大きくは二つの意見があったと言うことができます。

施設の立地状況

施設の立地を確認したいと思います。最初の原子力施設として立地された日本原子力研究所がありまして、発電所、核燃料サイクル工学研究所のいわゆる原子力御三家と、それらの周りにある関連施設が国道245号線沿いの海側に6施設あります。次に、山側の国道6号線沿いに、いわゆるJCO臨界事故が起きた会社もこの線沿いですが、住友グループの関連施設があります。その南側には、三菱グループの関連施設があります。村の中心である駅の近くにも放射能を取り扱う関連施設があります。さらに、燃料を作る会社も村の真ん中あたりにあるということで、このように13の原子力関連施設が、村の至る所に、村の中心を取り囲むようにあるということが確認できます。先程、土地利用の混在という言葉を使ってしまいましたが、これらの原子力関連施設のすぐ近くには、住宅や商業施設が隣り合うように存在しています。JCO 事故の起きた会社の近くにも、住宅地や商業施設がありました。このことも、事故が起こるまではなかなか気づかなくて、事故が終わったときに気づいたというのが現状です。発電所や研究所は、非常に大きな建物であり、施設だということで分かりやすいのですけれども、事故が起こった JCO を含めまして、小さな工場・会社についてはなかなか目につきにくいということで、そういったところにも危険が潜んでいたのだと知ったということを、事故後の感想として聞くことができました。

原子力地帯整備構想

現状ですが、こういったことにならないようにしようという考えが当初はありました。今みたいにバラバラにではなく、きちんと考えて立地させようということがあげられました。これは、先程からある東海村の簡単な地図です。この縞模様で示しているところに原子力施設を立地させて、そこから半径 2km 以内は公園や緑地にして、いわゆる住宅などは建てさせないようにしようと。

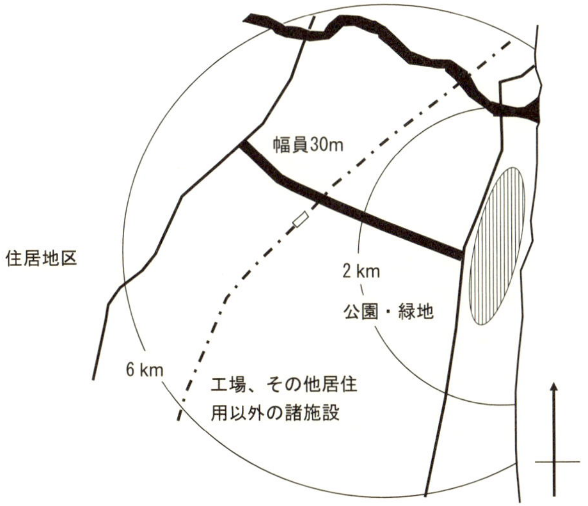

図Ⅳ－1－5　原子力地帯整備構想

グリーンベルトという言葉を使っているのですが、都市活動が起こらないようにしようという発想がありました。さらに、原子力施設から半径 6km 以内を工場や住居以外の施設を立地させる範囲にして、住宅は建てないようにしようという発想がありました。その上で、半径 6km 圏外を住居地区にして原子力施設から離しましょうという計画が、原子力研究所が立地される前に考えられたことです。もちろん、避難道路も必要ですので、原子力研究所から国道 6 号線まで幅員 30m の道路で、原研通りとして避難路的に整備しましょうということが当初はありました。これが、原子力地帯整備構想です。

ところが、これはうまくいきませんでした。なぜかと申しますと、整備を実施する体制の不備のためでした。当初、これだけのことをやろうとすると、それなりの予算が必要になってきます。その時に、それをどこがやるかが問題になってきます。国においては対応する省庁である建設省が強く反対し、一方、県でやろうにも予算的な裏付けがないために難しいという状況にありました。このことが、強力に推し進めることができなかった理由の一つとしてあります。

もう一つは、空間的な問題点ということで、集落の分散立地ということが指摘できます。これは、最初にお話ししましたように、原子力施設ができる前は、芋畑が広がる姿でした。もうすでに、近くには集落がありましたので、そういったときに、出て行けとはなかなか言えない。半径 6km 圏外に集落をという発想でいえば、東海村の村域のほとんどを含んでしまいます。そうしたことから、既存集落を無視して線引きして区分することは、なかなか現実的ではないということもあり、できなかったということがあります。

さらにもう一つ、構想を強力に推し進めようという機運がなかったということです。原子力に対する理解も地帯整備の重要性に対する理解も十分とは言うことができない中で、住居が移転することに対する心配や不安の方が大きく、村全体として取り組むことができなかったことが、社会的な特性の一つの理由としてあげることができます。

人口の変化

人口についてあわせてみてみます。原子力施設が立地される前は、村は 1 万

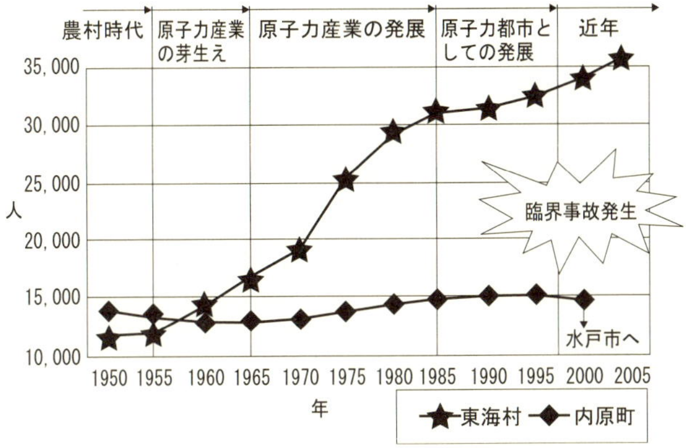

図Ⅳ－1－6　人口の変化

人ちょっとの人口でした。それが、原子力研究所が立地されまして、人口が増加してきます。さらに関連施設が立地されますと、急速に人口が増加してきており、原子力施設の発展とともに東海村が大きく変わってきたということを、人口の変化からも読み取ることができます。昔から見るとどこも人口は増加してきていますので、同じような傾向ではないかと言われますが、関連するものとして、今は水戸市と合併したのですけれども、当時同じくらいの人口であった内原町と比較してみます。同じように1万人ちょっとの人口であったのですけれども、2000年までほぼ横ばいの人口です。それが、東海村においては急速に増加していることで、その違いにも原子力といったものが関わってきているということが、数字の上でも確認できるかと思います。あわせて産業も大きく変わってきたということが言えます。最初は第一次産業の農業を営む方が大部分であったのが、時代とともに第一次産業が減ってきまして、第二次産業、第三次産業の増加というように変化しており、原子力施設の立地とともに関連する事業所が立地されてきたことが表われているのをみることができます。

原子力施設誘致に至る経緯

そもそも、なぜ東海村に原子力施設が立地されたのかということをみてみましょう。当初、原子力研究所は日本で初めてのことですので、どこに立地させようかと、いろいろな候補地がありました。数ある候補地の中から東海村に決まったわけですけども、そこには行政指導の下、強力に原子力施設の誘致を進めたという経緯があります。産業が振興するから是非、原子力研究所を誘致したいといった発想があったのです。全国的に、工場の誘致・建設が地域をつくり、発展させるということに繋げてきたわけですが、東海村では特に原子力研究所に注目して、産業を振興させるために誘致活動が行われました。経済的な効果を期待したのです。なぜ、工場ではなく原子力研究所を誘致したのかと言いますと、単に工場ができて働く人が増えるだけではなく、科学者や技術者が入ってくる、そのことにより（今はこのようなことをいうと語弊があると思われますが）その子供も来るので、教育水準が上昇するだろうという発想があったようです。文化的・教育的にも良くなるだろうと。それから関連施設も誘致しますので、東海原子力都市の完成が期待されていたようです。生活環境の整備も期待されました。経済的な効果をねらった産業振興、教育水準の上昇、さらには生活環境整備が進められる原子力都市として発展するのではないかという期待から、原子力研究所を誘致したということです。

原子力施設立地当時の住民意識

このように、原子力研究所は行政が誘致してきたのですけれども、一方で、住民はどうであったのかということを見ていきたいと思います。当初、いろいろな意見はあったのですが、大きく分けると、大部分の人はよくわからないなということがあったと思います。よくわからないという背景には、科学者がやることだから大丈夫だという意見や、国がやることだから大丈夫ということ、または村が有名になるのならいいということです。「東海ジャパン」という言葉も資料に残っているのですが、50 万都市になるという期待もあったようです。しかし、よくわからないという意見の一方で、一部で反対意見も存在していたようです。当初のことを知るための資料として、1956 年に茨城大学の経済研究会が行った調査があります。原子力施設が立地されるにあたってどう思いますかということで、賛成か反対かを聞いております。賛成という意見が 35%、反対という意見も 13%あります。ですから、全体的に、賛成派ばかりではなく反対の意見もあったということが、この調査結果からも言えます。同じく茨大の心理学研究所でも調査をしています。そこでは、具体的に放射能の危険についてどう思うか尋ねています。「全然ないと思う」というのが4%、「あると思う」のは21%、「わからない」が22%、「少しはあると思う」が53%ということで、それなりに放射能の危険についても言われていたことがわかります。

原子力施設を立地させるためには土地が必要なわけで、土地の提供にあたっては、村長自らが足を運んで、施設の立地予定地の買収に積極的にあたったということが言われております。その時に、村長は「将来、日立製作所のような大規模工業地帯になり、地域の雇用などの大きなメリットになるので、是非、土地を提供してください。」と言って自ら説得して回ったそうです。また、提供したことによって期待が大きくなったということが言えます。土地に進出してきた立場からすると、手順を踏んでやれば理解が得られる土地なので、東海村においては事業がやりやすいといったことが、企業側からの一つの感想としてあったようです。

分散立地の背景

当初は、海側に原子力施設が立地されたわけでありますが、そのうちに村内に分散して立地されていきました。その理由を整理してみたいと思います。最初は、海側だけに原子力関連施設があるのが、東海村の姿でした。なぜ山側にも立地されたのかと言いますと、そこには、原子力施設の誘致活動がありました。東海村は、二つの村落の合併によってできた村であります。真ん中あたりを境界として、村松村と石神村という二つの村にわかれていました。原子力施設が最初に立地されたのが、旧村松村地区です。そうしたことから、村松地区にばかり立地されているが石神地区はどうなのだということで、石神地区にも原子力関連施設を誘致しようということが言われるようになりました。村松地区においては、国の関連する施設だったのですけれども、立地されることによって村がどんどん変わっていく、にぎやかになってきているといわれました。その一方で、山側の石神地区は相変わらず芋畑が広がる農村地域でした。そういったことで、住友グループや三菱グループの民間の関連施設を誘致したという経緯がありました。だから、今のように、村を取り囲むように立地されているわけです。何も考えないでこのような形になったのではなく、立地した理由があったわけです。

事故後の意識変化

原子力に対する考え方や意見が事故後どのように変わったかということですが、ここでは東海村の企画課によるアンケート調査の結果を紹介したいと思います。まず、原子力関連施設が立地されることによって、どのように意識が変わってきたかということについてです。最初は原子力については不安だという意見が多かったのですけれども、ある程度過ぎますと不安は解消されてきます。チェルノブイリの事故が起こると少し増え、その後はまた減少してきました。そして、JCOの事故後には原子力は危険であるという意識が大きく増えていることが報告されております。

事故による農作物の被害なども言われました。健康に関して、子供や孫に影響はないかとか、最近移り住んできた人にとっては大きく心配が増えたということが言われています。定住意識がどのように変わったかということについても、変化がみられました。特に女性の方で、事故による不安から引っ越しをしたいという声が聞かれました。今後、原子力に代わるエネルギー源としては、太陽エネルギー、風力、水力などが必要ではないかという意見が多く聞かれました。相変わらず、原子力という意見も4割程度あります。

今後の村における原子力の位置付けということで、原子力安全対策のモデル自治体になるべきだということがあります。事故を経験したからこそできることである安全対策・防災対策といったものをキーワードに村をつくっていくべきだという意見が、当初住民の方から多く聞くことができました。今後は、原子力産業と共存していく村というよりは、原子力産業以外の新しい産業を中心とした村に、といった意見も聞こえてきました。その一方で、まだわからないという方もおり、さまざまな意見が見られるようになりました。

原子力施設と今後の村のあり方

最後になりますけれども、原子力施設の立地と東海村の変化という中で、今後どのようにしていかなくてはならないかということで、お話させていただきたいと思います。特に、原子力施設の立地に関連して東海村は大きく変わりました。芋畑などの農地中心の村から、産業が集積して生活環境が整備されることによって見た目には大きく変わりました。それによって、人口も増加してきますし、財政も増えまして、大きく成長してきたわけです。その分、原子力への依存が高まってきたということも、一方で言えると思います。原子力関連施設が立地されることによって、働く場所になっています。それによって財政的にも潤って、様々なところで予算が使われております。そういったことから、政治的にも、経済的にも、社会的にも原子力への依存が強まってきたということが言えると思います。しかしながら、先程もお話したように、最近は人口もそれ程増加しなくなってきましたし、産業の集積も一定程度で止まってきましたし、逆に、近年は事業所数が減ってきております。そういったことから、原子力施設の立地による影響もそれほど大きくなくなってきたという現状も見ることができます。何より子ども達の就職先として期待したわけですけども、なかなかそうはなっていないというのが現状です。そうしたことから、今後のあり方が問われています。

東海村は、原子力を誘致する前に様々なものを誘致してきました。最初は、海沿いの砂防林です。これは国有林です。それから国立結核療養所を誘致しました。ここでも教育の期待があげられました。その後、原子力というように移ってきたと言われています。そして、これから先です。これにつきましては、東海村の村長さんのお話をお聞きすることができたかと思います。現状をみる限り、原子力との共存は避けられませんので、どうつき合いながら新しい東海村の目標を見つけていくのか、ということが問われている状況にあるかと思います。

原子力ばかりお話してきましたけれども、東海村にはその他にも歴史があり、美しい白浜や芋畑も広くあり、自然もたくさんあります。立派な駅もあります。今ある原子力と、このような自然、歴史、文化とをどのように関係づけるか、どのような東海村をつくっていくかということが、東海村と地域社会、原子力と地域社会ということを考えた時に、一つの大きなテーマとしてあるのではないかと思います。

ちょうど時間が来ましたので、話を終わりにさせていただきます。ご清聴、ありがとうございました。

熊沢　ありがとうございました。非常にまとまった話で分かりやすいご説明だったと思います。質問ありますか。

質問1　原子力を調査した日付が2000年に集中していたと思うのですが、その後の調査は行われていないのですか。

齊藤　事故後の2000年には、行政やマスコミ、大学と多くの機関で調査が行われました。その後はほとんどやっておりませんので、もうそろそろ10年経ちますので、再調査も必要かなと思っております。

熊沢　村長さんが、原子力に依存した街ではなく原子科学の街として脱皮したいのだという事もお話されていました。J-PARCという研究機関で、そこで新しい技術が生まれていって、その技術で東海村が間接的に潤うということを発想されておりました。村はそういう方向に変貌しつつあるのかなあと思っております。

一方で、東海村の資産をもう一度見直すことも必要ではないかと思います。例えば、豊かな自然をどういうふうに生かしていくかと考えることも大切かと思います。村長さんも、福祉・環境・教育を村の総合計画の柱にお考えとのことです。豊かな自然と教育・環境・福祉をどのようにリンクさせて街をより活性化していくかが、これから重要になると思います。こういった新たな試みを原子力のまちで始めることが、素晴らしい東海村の未来に繋がると思います。

他に、質問ありますか。

質問2　研究所を作ると、教育水準が上がるということですが、そういう評価などはあったのですか。

齊藤　そこまで検証したということはなかなかないと思います。これは当時の発想ということで、なかなか検証ができないと思います。

熊沢　東海村は、他の原子力を持つ市町村とは考え方が少し違うと思います。

例えば、原子力発電所だけが存在する自治体とは、地域の受け止め方が随分違うという話を聞きました。先日の授業でも、東海村のPTAとして、JCO事故のときに小学校児童の安全のために駆けつけられた研究所の方がおられると聞きました。そのことからも、村と原子力事業所で働く人との信頼関係は構築されていると思いました。このことが村の教育や福祉に密接に関連していると思います。

終了時間が迫ってきました。齊藤先生、ありがとうございました。拍手をお願いします。

Ⅳ－2　東海村のまちづくり

茨城大学人文学部 教授　斎藤　義則

熊沢　次の講義は人文学部教授斎藤義則先生による「東海村のまちづくり」という表題でご講義いただきます。実際に斎藤先生は東海村の後期計画の策定にもアドバイザーとして案をまとめられた方です。

それでは、斎藤先生、よろしくお願いいたします。

まちづくりの3つのテーマ

斎藤　斎藤です。人文学部の社会科学科に所属しておりまして、都市計画や地域計画の専門です。どちらかというとハードに興味がありますが、今日は臨界事故を踏まえた協働のまちづくりのための話をさせていただきます。

東海村の既存の計画や私が関わった調査報告書を中心に話します。それを通して3つのテーマについて皆さんに是非考えていただきたい。1つは、風評被害やマイナスイメージが消えない。水俣では環境都市という都市像に転換しているわけですが、残念ながら東海村ではそんなに簡単に臨界事故のマイナスイメージを払拭できているわけではない。そのようなマイナスイメージを払拭できるようなまちづくりをどうやって進めるかが大きな課題になると思います。次に、村上村長さんや行政の方からお話があったと思いますが、大強度陽子加速器（J-PARC）の整備が進んでおります。平成20年度には完成する予定だと思います。これに対して村では大きな期待をもっています。3番目は村の住民の皆さんと原子力関係の事業者、あるいは商店街の人、農業をやっている人、そういう方たちと行政がどういうまちづくりを進めていったらいいのか。今、流行と言ったら変ですが、「協働のまちづくり」をどのように進めるかということです。東海村では協働のまちづくりがどのように行われているのかということも皆さんの頭の中において聞いていただけたらと思います。

J-PARC と東海村科学文化都市構想

J-PARC はただいま建設中です。東海村というと、東の海に面した村ということだったのですが、残念ながら原子力施設で埋め尽くされ、海岸にはなかなか行けないという状況です。先程、J-PARC の話をしたのですが「サイエンスフロンティア 21 構想」というものが策定されています。これは、東海村も含めて、水戸市、日立市、ひたちなか市、大洗町、那珂町、瓜連を対象にしたもので、つくばと並ぶ新たな科学技術の拠点形成を目指す構想です。つくばの方は研究科学学園都市という科学技術の拠点が形成された。それに対して、県北地域はつくばのようには地域振興がきちんと行われていないのではないだろうかということで、つくばと並ぶような「サイエンスフロンティア 21 構想」を進めていくということです。「21 構想」のプロジェクトは、大強度陽子加速器を中心にしたものであります。既存の原子力研究機関、産業基盤の集積と大強度陽子加速器とを合わせて、三つの大きな目標、産業利用・産業波及・支援機能をやって、多様な人材を育成し、起業を促進して、国際的な研究を支える整備を産官学が連携して政策を推進して、つくばと並ぶ新たな科学技術フロンティアを形成することです。

村長選での村上村長の公約です。第 1 番目に世界的な学術的研究を目指す原子力のまちに、「フロンティア 21 構想」を受けながら進めていきますと公約なさっていらっしゃいます。具体的な政策は 5 つ程ありますけど、政策を学術研究都市づくりの中心をつくると村長さんはおっしゃっております。そういうことを受けて「東海村科学文化都市構想」が平成 17（2005）年の 3 月に策定されております。私は策定委員会に委員として参加したのですが、高度な科学研究環境を整備する。原子力の関連の施設もありますし、大強度陽子加速器も出来ますし、高度な科学研究を促進する。多元的な文化教育産業の整備、「多元的な」という社会科学的ないい回しですけども、原案では「高度な」文化教育環境整備が提案されたんです。文化に高低はないだろうという議論になりまして、いろいろな文化のそれぞれの特性を認めていきましょうということで「多元的な」となりました。それから高度な科学研究と多元的な文化教育との融合ということで、科学研究と文化あるいは教育を繋ぐことが大事で、バラバラにやっていたのでは意味がないと。それも繋いで学術文化の都市をつくっていこうという考え方です。それから、魅力ある生活環境を整備しなければならないと。それと都市環境の整備ですね。もう少し詳しくそれぞれの目標毎に細かい整備目標、短期目標、中長期の目標を設定し、時間的にどう実現していくのかと言うことを個別に提案しています。

次に、研究環境の整備です。短期的には、研究者が快適かつ落ち着いて高度な研究に専念できる環境をつくるということです。中長期には原子力科学を始めとする知を活用することにより、村外居住者及び研究者の存在欲求も満たされる地域社会を構築する。原子力科学を通じて、地域社会に貢献できる社会的な仕組みを構築する。このように、短期と中長期に分けて、段階的に実現していくということを示しています。これも聞かれたかもしれませんが、委員会では「原子科学」にしようという意見も出されました。だけども、いろいろと議論していくと、やはり、東海村にあるなら「原子力」だと、原子力をベースにした科学じゃないと余りに一般的になりすぎて東海村の特性が反映できないということで、原子力科学となりました。「力」がつくかつかないかで活発な議論がなされました。

それから、文化教育環境です。大学院キャンパスの整備と解放、大学院の総合的な知的クラスターの構想、茨城大学と東大とが協力して大学院が構想されています。それを総合化して研究学園都市になるよう進めていきましょうという考え方、提案です。それから、産官学の連携ですが、中長期的には産官学連携組織を行って、原子力科学を生かした産業化、企業化、利用促進をやっていきましょうということです。

魅力ある生活環境の整備ということで、研究者の生活環境の充実、全村民の生活環境の充実、さらに、研究者と村民との交流、コミュニティづくり、バラバラにするのではなく、研究者と村民との交流は強めていきましょうということです。緑豊かなガーデン・シティづくり、ヨーロッパでも大学都市に行きますと、鬱蒼とした緑に囲まれて静かな環境がつくられているのが普通ですけれども、東海村も大学都市を目指すのであれば、市街地を森で囲むくらいの、緑の環境を増やしていく必要があるのではないかと思います。

原子力の街のイメージづくり、これは臨界事故のイメージを払拭するような、新しく原子力科学の街としてのイメージをつくっていくことです。よく理解している方は原子力科学によって研究学園都市をつくることと理解されると思うのですが、あまり構想の中身を知らない人ですと、そのような言葉を聞くことによって臨界事故を思い出させないかという懸念もございます。大強度陽子加速器は、巨大な顕微鏡です。それによって、エックス線で見えないものを中性子でみるとありますが、生命科学の研究等に大きな役割を果たすだろうと。癌の原因がわかるとか、そういうことが期待されるということです。それから、物質科学系の研究では、大容量小型電池開発といったことが期待されています。すでに授業の中で説明されたものかも知れませんけれども、環境を考えた技術の開発とか、中性子ビームにより壊さないで破壊検査ができる、新しい省エネルギーの技術ができるという、まさに、いいことだらけですけれど、原子科学の素粒子研究、宇宙創成への起源を調べるのに役に立つニュートリノ研究が促進される。

J-PARC の地域への波及効果

村松地区の街づくりの方針、総合計画で、地区別に住民の人たちに計画つくりをしていただいたものですけれども、J-PARC を位置付けています。J-PARC を整備することでどんな影響を受けるのかということですけれども、当初、職員と研究者が増加するのではないか、外国からの研究者が沢山来るのではないかと考えていました。そのため、住宅を供給しなければいけないとか、古い施設、いわゆる宿舎ですが、短期で滞在される方には宿舎を貸し、定住する人のための住宅地をどうやって整備するか、ホテルも必要ではないかとか、最初のうちは、人口が増えることによっていろいろな施設を整備しなければならない。それによって、東海村の環境が整備されるということを期待していたわけですが、でも、人口のわりに増えないと。外国人の研究者も来られるけれども、短期でおられる方が中心で、既存の宿舎を使えば間に合うし、ホテルもそのわりに必要ないのではないかと。嫌な言い方ですけれども、研究打ち合わせは東海村でやるけれども泊まるのは水戸でとか、そのようなことが起こってくるのではないかと思います。そういった皮肉な言い方もされたりしていました。当初、人口が増えるという期待があったのだけれども、それほど増えない。増えないから、東海村の施設整備には大きな影響は与えないということになってきます。あくまでも予測でありデータに基づいて行っております。それから交流の活性化ですが、これもやりようだと思いますが、外国人研究者との交流促進、交通アクセスの改善、生活サポートの充実、言葉がわからない人とか、日本語があまりわからない人が来たときにどうするとか、英語だとか、そのようなことに対応しなければいけないだろうと考えていた。また、外国人研究者が来るから、例えば文房具などが売れたり、新たなビジネスチャンスが増えるのではないかということを期待しておりましたが、どうも全般的に人数がそれほど多く増えない、外国から来られる人も、短期なので家族で来る人が少なそうだというような予測になりますと、東海村のまちづくりに、ハードな面で大きな影響を与えることはあまりないのではないかということです。

協働による後期総合計画の策定

J-PARC 構想は、どちらかというと行政と専門家が中心になって計画策定と実施がされています。総合計画の後期計画のときに、村民参加型でやろうとなりまして、大きなテーマにわかれて、それぞれのテーマごとに、村民の人たちだけで計画してもらう。もう一つは、行政の職員で検討する。後期計画なものですから、枠組みは大きくは変えられないけれども、後期計画の原案を行政と村民とで別々に策定しました。勝手に村民だけで集まってやるのではなく、行政がきちんと部会を位置付けて、情報提供しながら、ただし行政はこのようにしてくださいなどと一切言わない、村民が自分たちで計画をつくることになっております。行政はワーキングで詰めていきます。策定部会は村民だけです。それぞれ計画づくりをやって、途中で意見交換をやる。そうすると、全然違う意見が出てきて、まとまらないのではないかと思うでしょうが、部会同士で、そんなに長くはやっていないのですけれども、一つのテーマについて5回くらい集まって、いろいろ議論をしていきました。部会ごとに村民の意見をまとめていき、その意見をここでぶつけるわけです。そうすると考え方の違いが出てきます。どちらが良いとは言わないで議論をしてもらうのです。飽きるまで議論もしてもらいます。そうすると、だんだんお互いに何が違い、何が共通か見えてきます。そうするとそこで本音で議論をしたので、行政には勉強になったという部会もありました。1回目の意見交換では共通性と違いをはっきりさせておいて、そして詰めていく。行政は住民側から出た意見を持ち帰って検討する。住民も少し言い過ぎたとか、後期計画だから枠組みを変えることはできないねなどと、お互い歩み寄ってくるのです。そして合意が形成されていくわけです。9割5分くらいは調整がつきました。それを基にして総合計画の後期計画をつくっていきました。事務局は案があるということを絶対に言わないのです。住民の方がしびれを切らして、行政がたたき台を持っているのではないかと必ず言うのです。そこで出してしまうとダメなのです。たたき台に引っ張られますから、住民で考えたことにはならないのです。それが大事なことです。村民が全員参加したわけではありませんから、1グループ6人くらいですから非常に数が少ないのですけれども、住民と行政とが協働で計画策定に携わったといえると思います。行政のたたき台について住民が意見を言うわけではありません。はじめから自分たちで案をつくっていく。そういうことをしながら協働していくわけです。

例えば、地域防災の充実。政策分野にも、必ず「住民の協働」と入っております。行政が単独でやるのではありません。住民と一緒にやるのですよということです。住民は何をやるのかということですけども、ここでは分かりにくいのですけれども、住民が「取り組める」ことは地域防災活動に積極的に取り組みますということ。この程度の話になりますが、これは住民が「取り組める」こと、最初は「取り組む」ことでしたが理屈では沢山出てくるのです。「取り組む」とはしない。そこの部会で、これはやる、これはやりませんと決めます。だから、「取り組む」のではなく、「取り組める」ことなのです。自分たちが、必ず責任を持ってやりますということだけを書いていきました。ただ頭で割り振って、行政はこれ、住民はこれをやってというのはいくらでもつくれます。実際そういう計画書もありますけれども、これでは住民は全然動かないのです。少ないけれども、自分たちができることだけを書く。それから、施策体系を非常に分かりやすくしまして、施策レベル、これが一番の基本的な目標ですけども、村民の生活・身体・財産を自然災害や原子力災害でも守る取り組みをしますという話です。施策レベル、事務事業レベル、担当課も入れたのです。どこがやるのかというのを、事業計画にはもちろん入れたのですが、総合計画でこれを入れたのです。どこがやる課なのかを全部入れました。総合計画を見て担当課がわかるという事業計画を住民はもっていませんし、見る機会も少ないので分かりません。だからこそ、総合計画に担当課を入れました。同じようなことですが、残された自然や動植物の多様性を守る、自然環境と生態系を守ることですが、「多様性」これも議論になりました。市街地でも自然や動植物が共存・生息できるように提案をした委員がいるのです。都市なのだから、人工的につくるのは当たり前でしょう。一方で、多様性と言っても発展を阻害するだけで、東海村にとっては、改善されていくことや都市的な整備をされていくこととはイメージが逆行するから入れないでくれという人もいました。1時間どころか、2時間ぐらい議論をしました。それでも何とか、自分たちも生命の一部で、市街地の中にもいろいろな生物がいるのだと、生物多様性ということを原則にしなければ、人間にとっても、その環境が良いものではないのではないだろうかということを議論しました。これも、結局はお互いに歩み寄っていくのです。最初は生物多様性という言葉にしておりましたが、それだと分かりにくいということで、このような表現になったのです。

住民も合意しましたし、行政のワーキンググループとも意見交換をしますから、それで行政の方も、そこまで村民が考えているのかと勉強になるのです。それから、ボランティアをやりますということですが、自然史研究会というのを立ち上げまして、そのようなことに取り組むということになった。

これも、面白いことでしたが、道のあり方や管理方法など、住民と共存しながら親しめる道づくりを探っていきますということで、村に住んでいる方はご存知だと思いますが、コサ払いとか、道普請とか、地域の人たちで道の葉が散らばってくると掃除をするとか、枝が出てきたら切ってまわることを住民がやっていた。それが今は行政に通報して行政に伐ってもらう。これはおかしいのではないかという意見が住民側から出されました。そんなことは住民がやるのは当たり前だというのです。自分たちが切るのを復活させ、街路樹の剪定をするというのです。ここに書かれると、行政は「本当にやってくれないと困る」と言うのです。政策評価でマイナスになりますから困る。「先生、こんなこと書いて大丈夫ですか」と行政は慌てるのです。書いたら必ずやらなければならない、それは政策評価の意味でも行政の責任にもなるのです。このように一緒にやることにより緊張関係ができてくるのです。緊張感をもちながらやるのです。総合計画も適切な進行管理を行います。その後、きちんとやられているか確認はしていないのですけど、計画策定時に住民が参画していることはやるとなっているのです。事業を実施したり、チェックしたりする段階では住民が入ってやっていることは少ないのです。それもやりましょう。チェックもしましょう。進行管理もしましょう。実施過程に自分たちも関わりますということです。

人にやさしいまちづくり「レインボーＬキューブプラン」の策定

財政力は非常に良いのです。平成14（2002）年1.44で、原子力施設が立地しているということからでしょうね。交付金が入ってきます。

次に、住民が主体的に行った計画策定です。先程、J-PARCができますと外国人の研究者がいっぱい入り、家族で来る人も多いのではないかということで、新しく入ってくる、あるいは今住んでおられる外国人が快適に暮らせるようなことを考えましょうということで、海外に住んだことがある女性に集まってもらいプランをつくりましょうということになりました。「レインボーＬキューブプラン」と言いますけど、名前は最後につけました。ワークショップ形式で話し合いをしてもらいました。話し合いをしたことを小さな紙に書いて模造紙に貼っていき、まとめていきました。これも、行政は一切口出ししません。住民だけでつくります。「女性がつくったまちづくりプラン」という名前にしようと思ったのですが、女性という言葉を使わないでもらいたいと言うのです。なぜ女性ということを強調するのかと、女性を強調するのは差別ではないかと、女性がつくったということをいうこと自体が差別だというのです。それで、このような「Ｌキューブプラン」となりました。女性という言葉が全然入ってきません。しかし、「Ｌキューブプラン」というのはわかりにくいという意見もあります。東海村に移り住んできたら生活がスムーズにできるように、生活行為ごとに提案をしていくということです。子育て教育が安心してできる、人と自転車にやさしい街をつくる、日常生活に必要なことが簡単に得られる、緊急情報が漏れなく確実に伝わる、日本語と生活文化を学ぶ機会が豊富にある、充実した活動で異文化理解を深める、地域で行事イベントに気軽に参加できる、情報インフォメーションを設置するなどです。10個のプロジェクトが提案されました。後期計画にも反映されました。その他、外国人登録をどのようにすればいいのかという面では、ウェルカムパックを提案しました。日常生活に必要なことを全部いれてお渡しするのです。他でやっている例もありますけれども、電話で通訳をする、病院とのネットワークをつくりましょうという様々なことがあります。誰かにやらせるのではなく、行政にやってもらうことは行政に任せ、自分たちが出来ることは自分たちでやるという形で、何でも無責任に計画をつくって後は知らないということではありません。

小学生によるまちの環境点検

私の研究室で行なった小学4年生による環境点検です。通学路の点検をやってもらったのです。子供がまちづくりに参加する機会が非常に少ないものですから、そのような意味も含めて点検をしてもらいました。具体的にどのような意見が出ているかと言いますと、道の幅員、道が狭いとか、広いとか、見えづらいとか、歩道がないとか、信号が短いとか、交通量では車が多すぎるとか、踏切が欲しいとか、一般的に大人がやっても出てくる点検があるのですが、面白かったのは、坂道が欲しい、急な坂道が欲しいだとか、すごく長い坂があるといいという意見がありました。なぜそんなに坂道が欲しいのと聞くと、自転車で下って遊びたい。大人は道というと、車で通ったり自転車で通る上でも、移動の手段としか思っていないのですが、子供は遊び場だと思っているのです。道路は車が通るものではなくて楽しい場所だと示しています。そういう道をどうしたらいいのか、我々大人が考えなければならないのです。非常に面白い問題を提起してくれています。凸凹のある道があったらいい。滑ってきちんと歩けない道が欲しいというのも面白いですね。道の概念を考えさせられるような問題提起が沢山ありました。

今後の課題

今後の課題ですが、J-PARCを建設することによって人口が増え、都市が賑わいをもち、地域経済に良い影響をもたらすと考えていたのですが、それほどの効果は地域にもたらさないのではないかということです。外からプロジェクトを持ってきて地域振興、悪いという意味ではないのですが、地域に定着させることが大事ですけれど、なかなか地域との関係ができにくい。そういう地域振興のやり方をどのように考えたらいいのかという課題があります。高度成長期に大規模な工業団地をつくることが盛んに行われましたが、そうではないですね。科学的な装置が立地をするということで、中身は全然違いますけれども、外から持ってくることで地域振興を図っていくということをどう考えるのかということです。それから、原子力に依存せざるを得ない、原子力があるわけですから、それを前提にして、自立的で持続可能な東海村の将来像をどう描くか、交付金の期間を過ぎてしまうともう一つ何かをつくらなければいけないというように、次から次へと新しいものをもってこなければならなくなる。お金が落ちる構造を永遠に続けるということか。まあ、それがよければそれで良いのですけれども、それは面白いと思うんだけれども、そうではなくて、そのようなものをもってこなくても地域経済が成り立って、うまく環境の整備がしていけるような社会にどうやって段階的にもっていくかが大事です。簡単に言ってしまいますと、将来像をどう描くのかということです。それから、私が関わったＬキューブや総合計画の後期計画のアドバイザーをやらせていただいても、当たり前だけども、行政には優秀な人たちがいらっしゃる。住民だけで計画をつくるというのは、内部では、反対されたそうです。しかし担当者は、絶対にやらせてくれと、最後まで村民との協働で総合計画をつくりたいと頼んだそうです。上の人は納得をして、総合計画の後期計画をつくったわけです。これは見事なやり方ではないでしょうか。非常に時間がかかりますが、住民にも問題意識の高い人たちがいらっしゃる、行政にもいる、どう繋いでいくかが大事です。もちろん、事業者とも繋いでいかなければいけません。そのような活動を将来の東海村のイメージを共有して続けていかなければならないのです。行政が考えている東海村、村民がイメージする将来像を、住民同士でも共有するという作業をしなければならないのです。自分だけがよければいいのではいけません。それぞれいろんな人の立場を考えなければならないのです。それぞれの人たちが東海村にしましょうと、その作業をやっていかなければいけない。これは大変なことです。ものすごく時間と労力がかかるのです。誰がやるかということもです。そういうことを少なくとも後期計画やＬキューブプランで実施しました。そのような体験を少しずつ増やしていくのも手かもしれません。

それと、村長さんがおっしゃっている研究学園都市・東海村を見ると、都市としての成熟度が低いのではないでしょうか。魅力的な空間が少ない。生活するのには便利かもしれませんが、環境の質を高めることが求められているのです。環境の質が大事なのです。質というのは、ただ便利だということではなく、心地よさなのです。個性的とまではいかなくても、特徴があって、質が高いと言ったらいいのでしょうか、特徴的な街並みがあるとか、緑が豊富にあるとか、そういうものが重なって、都市環境の質になるのです。学園都市を目指すのであれば、環境の質を上げていかないと、研究者が来ても、早く帰りたいということになってしまうのです。皮肉な言い方ですけれども、打ち合わせをするために水戸に泊まるということになってしまうのです。その都市の中で暮らしたいという環境の質を高めていかないと、いろいろな都市機能も育たないのです。そのような時代になっているのです。便利だからいいでは済まない時代に入っているのです。まだ田園的な部分が残っている、都市と農村の中間の特徴のある都市環境を整備していくことを一つの目標にすることが、東海村の方法かなと私は思っております。都市と農村のいいところを集めて、郊外に新しい都市をつくるというガーデン・シティーというのが20世紀初頭の理想都市でありました。街の魅力をどうやってつくっていくかということ。地味だけれども、それをやっていかないと、学園都市にはならないと思います。質を上げていくということはどういうことなのかということです。

熊沢　ありがとうございました。先生がおっしゃったことで、住民のグループと行政が、全く独自に話し合って、それぞれでプランを決めて煮詰めていくということは面白い作業だと思いました。最後に、住民が、自分たちがやらなきゃいけないと地域活動を提起していることが、先進的で他の地域では例をみないと思います。最初から一緒にやろうと策定していれば、自治会に協力できることが沢山あります。普通の自治体では町内会や自治会を市役所や役場の下部組織のように扱っているとしか思えません。東海村のようにやれば、下部組織を払拭できるのかと思うのですが、どうでしょうか。

斎藤　今日紹介したプロジェクトは、そういうことになりますね。ただ、他の場面にも広がっているかというと、残念ながらいっていないと思います。一つの試みとして、わりとうまくいった例です。ただ先程も言いましたけれども、行政と住民としてもそうですけども、住民と行政と事業者とで、どうやって作っていくかが課題です。東海村が自立的なまちにならないのではないかと思います。

質問1　私も都市計画をやっておりますので、今日は興味津々で話を伺いました。「東海村の都市と村の中間的な街としての魅力創造」とあったのですけど、この4年程、東海村の農村地域で景観を保全、あるいは新たに形成していくということを、住民の方々のお手伝いをしながらやってきたのですが、先生の話では東海村は都市ではない、しかし、村との中間、農村との中間で、農村でもないように感じるのですね。先週の村長さんの話では、サーッと流されてしまったわけで、やはり、一方では、大きな産業として原子力産業があるけれども、もう一つは、やはり、東海村は、市街地区域のほぼ8割弱くらい農村地域があります。航空写真で見ると、どこが農村なのかわからないくらい市街地が進んでいますが、実際、ずっと地べたに降りてくると農村の問題というのは非常に深刻な問題でして、景観をどうするということも問題です。住宅マスタープランにも関わってくることです。そのあたりで、あの言葉が若干気になったかなということでした。

斎藤　ありがとうございました。

町というのは、キーワードになると思いますね。柳田国男が、「町の経済的使命」という論文で書いているのですが、町は農民が作ったというのです。今で言うと、都市と農村との関係というのが、だんだん薄くなってきているのですが、町は農民に必要だから、農業をやるのに必要だから作ったと言うのです。町と農村との関係を経済的なものだけでなく、見直す時期なのでしょうか。景観イメージも含め、皆で検討したらいいのではないかと思いました。

質問2　J-PARCへの期待ですが、職員や研究者が増える、外国人の研究者もやってくるということを描かれていたのですが、その予測データを誰が予測していたのかということです。事業者が予測データを出していたのならば、それは正直言って、言葉悪いのですが、だましていることになります。自治体が出しているのであれば、それは見通しが甘いのではないかというふうに思うのですが、その点はいかがでしょうか。

斎藤　委員会にコンサルタントがいまして、関係者等にヒアリングをして、まとめた数字があるのです。研究室が引っ越しで、その資料をもってきていないのですが、その内容も、公表するかどうかということで揉めたのですが、まさに予測であるということで公表してあります。

熊沢　数字を出すというよりも、自分たちで、どういうふうな行動をするかということを住民たちが提起しているということがすごいことだと思います。ですから、理想の東海村にするにはどうしたらいいかと、これからレポートに書いていただきますけれども、自分はここまでは協力できるということも考えて書いていただきたいです。我々、これから地方分権の時代で生きていくと思うのですけれども、多分、要求ばかりしていてもよくないのです。これから、我々が行政にどれだけ参加するかということも、自分たちの責任として考えていかないといけないと思うのです。こういう理想の東海村にして欲しいとか、一つの案を出していただきたいと思います。

　では、斎藤先生に拍手をお願いします。斎藤先生、ありがとうございました。

Ⅳ－3　震災復興・都市再生からの教訓

茨城大学人文学部 教授　帯刀　治

熊沢　次の講義は帯刀先生です。帯刀先生は地域社会論をお教えいただいているだけでなく、非常に行動力のある先生です。茨城大学に地域総合研究所という建物がありますが、研究所を大学に建てるときに、地元の金融機関から外部資金２億数千万円を得られて、大学の地域総合研究のために努力されました。その他、NPO 法人を立ち上げられたり、幾分ハンディキャップをもった青年の社会参加支援とかを行動力をもってやられています。私の尊敬する先生の１人です。行動する社会学者だと私は思っております。震災復興、都市再生からの教訓について、お話をしていただきたいと思います。先生、よろしくお願いいたします。

帯刀　少し変わった名前ですが、たてわきと呼んでいただきます。社会学という分野の出身で、地域社会を研究するというのが地域社会論の中身です。

ここでは、阪神淡路大震災の震災復興過程での問題、都市再生について紹介し、東海村における環境共生型地域社会の形成、村づくりについてお話したいと思っています。阪神淡路大震災の概要は説明の必要はないと思いますが、一応、映像を見て確認してもらい、さらに震災復興過程を地域社会論の観点からみて、何が問題だったかをお話して、それを参考に東海村のことを考えるというように内容を組み立てたつもりです。

阪神淡路大震災の被害状況

高速道路は壊れないということだったのですが、そんなことはありません。長田地区ですが、商店街のアーケードの残骸が残って両サイドは全部焼失しているという状況でした。最初の頃、被災者を体育館に収容せざるを得ない状況で、板張りの床にゴザと布団を敷いて被災者の人が夜を過ごさなければなりませんでした。布団は辛うじて確保されましたけれども、お年寄りには非常に辛い、障がいをおもちの方は、本当に場所がなくて辛い思いをされたという状況でした。

少したって、1週間か5日くらい後では、地元の消防団の方や被害が軽かった方がお味噌汁をお配りになるとか、ボランティア活動で炊き出しが始まります。外国の研究者の人たちに「炊き出し」とはと問われたので、「ホット・フード・サービスだ」と言ったのですけど、こういう活動は活発に行われました。この頃から学生の人たちがおいでになってお手伝いをしていただくケースが増えて参りました。また「元気村」という、後にNPO法人になりますが、組織的な活動も1週間後ぐらいから活発に行われるようになりました。民間の救援センターも非常に賑わって、いろいろなサービスを提供することになりました。少し余裕が出てくると、このようにリアカーに子供さんを乗せて遊ばせたり、おばちゃんと子供さんとの交流があったりというような、少し救援活動が定着をした頃の状況です。全国から沢山の学生ヴォランティアの方が参加をしていただき、これは地元の大学のグループの皆さんですけれども、被災地の住民にとって、非常に元気づけられる若者たちの活動でした。少し経って、背広の人たちが、視察でしょうか、非常に多かったのも印象的でした。少し違和感をもちました。

震災復興に対する行政と市民のズレ

神戸の震災復興を地域社会論的に見るとどうか、社会科学の観点から整理をしたときに、何が復興過程で問題になっていたのかについてお話します。1995（平成7）年の1月17日の早朝ということですので、時間的にも大変だし、季節的にも非常に厳しい時だったわけですが、瀬戸内海に面していますから比較的温暖なところではありましたが、結構大変で、廃墟といってもいいわけですし、震災が市民生活を危機的状態に陥れたことは確かなことです。

市民の人は、そういう危機的な状況から少しでも早くに脱出しようということで、いろいろな活動に取り組まれるということになるのですが、行政のお立場を考えてみると、震災復興という形で理想的な都市をつくる千載一遇のチャンスが到来したというように、役人たちがそう思ったのは仕方がないことですし、被災者がそういうことを考える気持ちの余裕がないときに、それでもやはり行政担当としてそのように考えたのは、ある意味でやむを得ないというか、当然といえば当然だったわけですが、ズレがあったことは確かであります。

それが最も表面化したのが、国や県が背後にあったわけですが、神戸市が市街地の再開発事業計画で、区画整備事業を強行するという問題でした。1月に震災が起こったばかりなのに、3月に既に役所では行政計画を作るという強行決定をしたわけですが、もう少し市民の都合や意向を訊ねてやるべきではないのか、もう少し余裕が必要だったというのが多数見解だったと思います。

何故そうかということですが、これは国際シンポジウムでは、“ヒストリカル・エラー”と表現されていたのですが、従来の神戸市の都市計画やまちづくりのやり方について少し問題があって、反省をしておかないと、次の都市政策に誤りが生じるのではないかという問題があったのです。神戸は海浜部を埋め立てて人工島を作るとか、港湾やオフィスビルを建てるとか、工業団地を造成するとか、開発行政をやり続けてきて、震災にあっています。海浜部の開発行為というのは、それ自体は否定されないかもしれませんが、インナー・シティーという都市の内部、駅周辺などの中心街や下町の方の老朽した木造民家の密集地にほとんど何も手をつけないまま、そこの再開発事業などをほとんど手つかずのままで、海浜部の埋め立て事業や開発事業が行われていました。そこに問題はなかったのかと。

空間的な秩序を制御するという、とにかく老朽化した木造住宅密集地区を無くすと、クリアランスというのだそうですが、そればかりを考えられていらっしゃる。しかし、そこに沢山の必ずしも裕福ではない市民の人が居住しておられたという事実があるわけだから、そういうのを排除するというだけでは、やはり、まずいことがあったのではないか。市街地再開発と土地区画整理事業のための都市計画決定についても、先程お話したように、もうちょっと地域の実情を踏まえた決定が必要なのではないかと。

再開発と区画整理事業のジレンマ

二つ目の論点ですが、復興事業をしてから市街地再開発と区画整理事業のジレンマがあったということです。インナー・シティーの木造密集市街地は、職住が接近しており、安い家賃のアパートなどが提供されて、商店街も近く、顔見知りの人に囲まれて暮らす高齢者や低所得者が多い地区であった。これを無くすというのは、都市計画上、景観とかそういう点では、それなりの理由がありますが、この人たちを、では、どこで、この街は抱えていくことになるのかという問題が残されたまま、復興事業を強行するのです。木造密集住宅地区もまた、神戸という都市を成り立たせていた重要な要素の一つであったわけですから、そうした地区について、ただ無くすということだけで、都市計画決定が強行されるということについては、住民の多くの人たちもそれにイエスとは言いにくかったわけです。やはり、強行されたということであります。これは、別に、震災地域に限らないことで、普通の都市計画決定の場合でも、いつでも問題になることですが、震災でより鮮明になったということです。

マイノリティの存在

第3に、もう一つ見ておかなければならないのは、在日外国人の人たちも沢山住んでおられてコミュニティができていたことです。在日コリアンが経営するケミカル・シューズ・メーカーなどの町工場が市内に沢山あり、そこに、ベトナム難民の人たちが多数就労しているような事実があったわけです。日本の方と外国の方が一緒に暮らしているということを都市復興という時に考えて、一緒に暮らしていくコミュニティを残していくか、どうかが問われていたわけです。「アジアタウン構想」ということで、在日の方たちのコミュニティを大事にという意見もあり、神戸大学の都市社会学の教員・院生・学生たちも、そういう課題に関する調査研究を続けていたのです。そこでは、共生とはどういうことか、共生型のコミュニティ形成をどう考えたらいいかを震災以前から議論していたわけでありますが、そういうことが全く再開発事業の中では無視されていたことをどう考えたらいいか。これは、今も私たちの問題でありますが、国籍にとらわれない市民権のあり方をいかに再構成していくか。そういう学問的な問題というか、科学的な研究テーマもいまだ十分には解明されていません。

東海村でも在日外国人の方で避難勧告が聞き取れなかった方も実はいらっ

しゃって、なんで皆が騒いでいるのかわからなかったという人が実はいらっしゃったわけです。少数ですけれども、そういうことがあるのです。ですから、いつも私たちは日本語が話せる人ばかりで街をつくっているのではないということを考えておかないといけないのです。助け合っていかなければいけないはずなのに、そういうことについて、少数派だからいいと考えないようにしていかないといけない。この問題は私たちにそうしたことの重要性を教えてくれているのだと思います。そういう人たちが声高に私たちの存在を認めろとかはおっしゃらないけれども、そこは少しこちらの方が、マジョリティの側が、マイノリティの人を慮らないとまずいのではないか。

日本に来てくださる外国人の人にしても、障がいを持つ人にしても、私は、熊沢先生が紹介してくれましたが、ひきこもりがちな青年のお世話をするNPO法人「とらい」という組織の代表です。そのコミュニティ・レストラン「とらい」では、県庁や社会福祉協議会の職員の人にご協力いただいて、お昼のランチを食べてもらったり、お弁当を買ってもらったりしながら、徐々に、社会参加できるような訓練をするNPO活動をやっているのですが、マジョリティの立場にいる学生さんたちに、そういう若者がいるよと、もう少し分かってもらって、助けてもらったら嬉しいなと思うこともあるのです。たまたま大震災が起こって、震災復興の過程でこういうことが問題として出てきたわけですけども、地域社会の中には、このような問題があるかもしれませんよということを、こちらの想像力を働かせて考えてみることも必要かなと思います。

都市の成長管理

4番目ですが、都市の成長管理というか、中長期の発展構想の必要性があるという震災後の後の問題ですが、開発プロジェクトを中心とした神戸市のそれまでの都市経営に重大な反省が迫られて、都市の成長を管理することが必要だったのではないか。ただ海浜部を埋め立てて開発すればいい、郊外の農地を潰して工業団地や住宅団地をつくればいいというような開発一辺倒のやり方はダメではないかということです。社会資本投資の負担を抑えるために、開発の総量を抑制しておかないといけないということを、大震災なり震災復興過程で、研究している側の方から問題提起されたということです。自然環境への配慮、中心市街地の衰退を食い止める活性化対策、低所得者住宅の供給などを盛り込んだプログラムを策定しないといけない。それから、成長速度を調整する一連のプログラムが必要で、総合計画を見直す一連の政策が作られて、行政が行われているということは、今まで、学生の皆さんも聞かれたことだと思いますが、もう少し長いタイムレンジで成長速度を抑制するとか、成長を管理することを考えておかないといけない、ということです。

持続可能性 Sustainability

もう1点が、5番目でありまして、持続可能な発展 Sustainable Development ということで、循環型社会 Recycle oriented Society、持続可能性 Sustainability ということを考えておかないといけないのではないか。持続可能な発展には、世代を超えた不平等や不公正が発生しないように成長速度を制御するという認識。今の世代の人たちだけが豊かであればいい、将来の子供たちや、これから生まれてくる人たちは、どちらでもいいというわけにはいかないでしょう。豊かな森や豊かな水資源は大切に次の世代に残してあげないといけないのではということが持続可能な発展です。Sustainability が大事なのではないか。Sustainability ということを考えると、どうしても循環型社会ということを考えざるを得ないのではないだろうか。都市という存在自体が自然環境を損ない、エネルギーを大量消費して、膨大な廃棄物を外部に排出する存在であるわけだから、都市自体が持続可能な発展の阻害要因でもあるということをきちんと考えた上で、神戸でどうするかと考えていく問題です。リサイクルを徹底することによって、循環型社会システムを構築することも大きな課題ということです。

以上、神戸の震災復興過程で問題になった論点といってもいいでしょうか、地域社会論的に見て何が災害復興で問題になったか、何が争われたかを整理すると、だいたい5つくらいの論点になるということです。それでは、神戸ではこれに対して、例えば、5番目の持続可能な発展の循環型社会システムの構築のために、どういう取り組みをしたかという話を次にしないといけないのですが、そうしないで東海の方に話を移すことになるのですが、少しお断りをしておきたいのですけれども、神戸で今のような観点からいろいろな取り組みが行われていることは確かです。

東海村で参考にされて然るべきことも、実は沢山あって、それを紹介しようかどうしようか悩んだのですが、神戸の場合、人口規模が東海村と違って大きすぎて、東海村に適合的な具体的事例なり、プロジェクトが少ないという感じでした。もちろん神戸の長田地区のコミュニティの再建とかでは、参考になることがあったのですが、全体として、都市のスケールが違いすぎるので、むしろ、東海村にとって参考になるのは、水俣の吉井元市長さんのお話からお分かりのように、水俣ではないかなという印象が強かったのです。ただ私に与えられたテーマが、阪神淡路大震災からの教訓ということだったので、少し悩んだのですけれども、ここから後のところは、神戸の教訓というよりは、むしろ、水俣の教訓ということに関わって東海村のお話をさせていただくことを予めお断りしておきたいと思います。

東海村における環境共生型地域の形成

東海村における環境共生型地域の形成ということで、JCO事故で、実際には放射能が漏れたようなことではなかったわけですが、周りの人たちから見ると、汚染された地域というようなイメージが形成されて、東海村も環境共生型地域への再生過程を歩まざるをえない。お話もお聞きになったと思いますが、JCO事故直後から、村長さんとして、そうした課題に取り組まれた村上さんのリーダーシップの中身を、水俣の吉井さんの取り組みの観点で整理してみると、再発防止に取り組まれた試みとか、崩壊した住民相互の関係を再構築するとか、JCO事故の悲劇を未来に生かすとか、東海村の将来像というものを明確に打ち出すとか、村の行政はもちろんのことですが、原子力関係機関とか関係する企業も、また住民および住民団体が一体となって、健康とか福祉とか環境を大切にするまちづくりというか、村づくりに取り組むというようなことが、私はちょうど総合計画の策定のお手伝いを事故が起こる直前からさせてもらっていたので、そういうことだったのではないかと思っています。

このうち二つだけ取り上げてみます。一つは、対立の解消というようなことに取り組まれているのかなと思うところを少しだけ。村の行政が原子力にぼんやりだったというのは、少し村役場の人たちに失礼かなと思いますが、依存していたということはあるので、そうした依存体質みたいなものへの反省がおありになって、それに基づいて、住民の方に少しやり方を変えていかざるをえないというお話をなさっていました。村長さんの最初の日のお話で、私が印象的だったのは、原子力の関係機関には、正確な情報をできるだけ住民の人に明らかにして欲しいということを求められると同時に、住民の人には冷静な対応、むやみに騒がないで、静かに正しく恐れるようにとおっしゃった、いい方が正確ではないかもしれませんが、それを求められて、リスクコミュニケーションによって、原子力関係機関と住民との対立なり、行政と住民の対立を克服しなければならない、という取り組みだったのかなとお聞きしました。対話を通じて共通の価値を、ここでも構築とありますが、エスタブリッシュメントということで、確立して行こうという取り組みだったのかなと思っています。

そのポイントは三つあって、原子力に対して、賛成の方もいらっしゃるし、非常に消極的な方もいらっしゃる。多様な価値観をもつ住民が存在する。そのことを十分に認識した上で、それでもなお、住民が顔を合わせて対話を通じて、東海村でみんなが追求していかなければいけない価値とは何かということをやはり模索していかなければいけない。これは水俣での吉井さんの取り組みに村上村長がすごく共鳴して、そのように取り組んでこられたのじゃないか。それから、行政が住民の地域活動に参加をするという、必ずしも住民の地域活動が目立って活発というわけではないかもしれないですが、行政が住民に働きかけるというばかりではなくて、住民の活動に行政が関わりをもって活動していくという面も必要だということがあったのではないか。環境汚染というか、マイナスのイメージを、健康や福祉や環境モデル地域というプラスのイメージに転換していくことが大切ではないかという課題にお取り組みになった。ただ、環境モデル地域といった環境にやさしい地域社会をつくるというようなプラスイメージの構築に、必ずしも東海村は成功しているとはいえないと、私は見ている。吉井元市長さんのお話でも、現在の水俣の環境モデル都市づくりと比較して、東海村が水俣から学ぶべき点がまだ十分でないという判断が、私の中にあるからです。

『第４次総合計画』の６つの柱は、「安心して住めるまち」づくりというセーフティ、安全、安心、「誰もが支え合って生きるまち」、住民同士はもちろんのこと、行政と住民も、研究機関と住民も、支え合うという。「個性と生きがいを育むまち」、「新たな可能性をつくるまち」、「快適でやさしいまち」、「信頼でつなぐ自治のまち」。もちろん、これは総合計画の基本的な柱ですので、これに基づいて、沢山の具体的な施策があることは明らかですが、多様な価値観をもつ住民の方を東海村という形で統合するという観点で、この6つの柱、「安心して住めるまち」から「信頼でつなぐ自治のまち」まで理解できなくない。このように、柱を立てられることについては、理解はできなくないわけですが、しかし、それでも、やはり、やや具体性に欠けるというか、もう少し積極的な打ち出し方があるといえるのではないか。

水俣の環境モデル都市づくりとエコタウン、教訓の発信と研修交流機能の強化

参考までに、水俣の取り組みについて、皆さんは前の市長さんから詳しいお話をお聞きになると思いますが、ここに関わる論点で2点だけ、水俣の例を紹介させていただきたいと思います。一つは、水俣市が取り組んでいる環境モデル都市づくりとエコタウンの取り組み。もう一つは、教訓の発信と研修交流機能の強化を打ち出されている。この二つが、私は東海村が水俣の取り組みから直接に学ばれるべきことではないかと思っていて、そこを詳し目に紹介させていただいています。

水俣の環境モデル都市づくりとエコタウンですが、水俣では国際環境都市づくりプロジェクトというように全体を説明して、水俣病の教訓について、市民がきちんと理解するよう、行政もそこを押さえた上で、自然環境の破壊に繋がるようなことや市民の健康に差し障りのあることについては一切行わないという環境基本条例を制定され、環境基本計画もきちんと立案されて環境モデル都市づくり宣言というのを内外に向かってきちんと行う。そのための主要な事業として、自然と共生したまちづくり、不便さを受け入れるまちづくり、少し不便でも自動車に乗ることを止めて自転車に乗換えましょうと公共交通機関の利便性も向上させるために、マイカーの利便性を少し犠牲にしても、そういうまちづくりをしましょうという。

環境学習都市づくり、市民が環境についてしっかり学習しているまちづくりにしていくのだと。もちろん、水俣湾の埋め立て地や周辺の整備事業、それから水俣病教訓の発信もしていく。この最後の所が、次のもう一つのポイントに繋がるわけで、そういう取り組み。4番目、5番目の所でも、エコ水俣委員会を設置して、市民の人に参加をしてもらって、エコタウンをどうつくっていくかということを皆で協議してもらう。それから国際的な環境自治体会議を開催して、世界の市長さんや町長さんに集まってもらって水俣で国際会議を開いて、エコタウンについて世界の人々と一緒に考えようという取り組み。また、エコ・ショップを指定するとか、エコ・マイスターを認定するとか、ISO 14001の認定に取り組むとか、さらにリサイクル産業を用地が余っている工業団地に誘致する。市単独の環境産業を集積させるための取り組みに向かうということが、環境モデル都市づくり、エコタウンのプロジェクト、国際環境都市づくりというプロジェクトで、これに取り組むことが具体的に行われている。

もう一つ似たようなことですけれども、環境モデル都市づくりに対して世界から学者やジャーナリスト、芸術家たちが必ず水俣に注目してくれる。水銀汚染に関する国際会議を開く、環境ホルモンに関する国際会議を開く、そして世界から学者やジャーナリスト、芸術家の人たちも水俣に来てもらう。あるいは、水俣に注目してもらって発言をしてもらう。このように21世紀の環境問題の取り組みを先取りする形で、水俣を環境リスク研究のメッカとして、市民の環境学習を推進すると同時にそれを基礎にした環境研修交流機能を強化して、それで水俣市全体の成果につなげるというのが、水俣が取り組んでおられることです。

私は、東海村はもう少しここの部分を学ばれるべきではないか。資料でもまた吉井元市長さんの講義内容からも明らかなように、水俣市の取り組みは東海村よりはもうちょっと積極的、かつ具体的なものに思われます。世界からの注目も集めるために国際会議を開催する。環境リスク研究のメッカとして水俣の将来を考える。市民の環境学習を推進しながら、環境研修交流機能を強化して、水俣市全体の活性化につなげるというセンス。センスと言っていいでしょうか、基本的なスタンスの方がいいでしょうか。私は東海村が学ぶべきことは、ここにあると考えております。

まとめにかえて

私がこの講義で受講された皆さんの心に留めてもらいたいと考えることは、次の3点です。

第1点は、神戸の震災復興の過程においても、震災を紹介していないので少し分かりにくいかもしれませんが、また水俣における環境汚染地域から環境共生型地域への再生過程においても、それ以降の地域再生とか、地域振興、地域発展というのは、いずれもSustainable Development、持続可能な発展ということを目指して取り組まれていて、環境共生というのが主要な課題であります。もちろん、市民の健康づくりだとか、福祉だとか、いっぱいバリエーションがありますが、ここを外しては、将来ということにはならないので、他の先生方も繰り返しリサイクルとか環境共生とかご指摘があったと思いますが、私も持続可能な発展と環境共生を、地域の未来を考えていくときに、是非とも皆さんにも頭に入れておいて、東海村の場合でも同じようにもっとそれを水俣のように世界に発信していけるように、原子力リスク研究のメッカというような形で考えておくということが必要だということです。

第2点は、将来の世代のために今の何を使い、何を残しておかなければならないか。何について決定し、何について決定しないまま置いておくかということを、私たちは考えないといけないということです。土地にしても、水にしても、有限な資源ですから、農地だから住宅団地にしていいと、本当にそうですか。農地は残しておかなくて本当にいいですか。それを簡単に住宅団地や工業団地にしてもいいですか。これらのことは、ちゃんと考えないといけない。将来の世代のために、私たちが使うことが許される範囲をきちんとしておかないとダメでしょう。何について決定するか、何について決めないままにしておかなければならないか、ということを、私たちはもう一度、冷静に考えといけないのではないか。

第3点は、持続可能な発展とか、環境共生ということについての正しい認識というのは、たんに他と比べてどうかという事ばかりではなくて、時間を超えた歴史的な公平性の確保、そのための決定ないしは非決定いうことの重要性、何を使うか、何を残しておくかということについて慎重に考えるということが大切だ、ということを私たちに教えているのではないか。その観点で、私たちは、東海村のこれからのまちづくり、村づくりについて検討していかなければならないのではないかと考えて、そのことを皆さんにお伝えしようということで、講義の内容を作成して参りました。私の話は以上です。聞いていただいて、ありがとうございました。

熊沢　ありがとうございました。皆さんのレポート課題の参考にもなりましたね。

Ⅳ－4　公害からの復興のまちづくり

元・水俣市長　吉井　正澄

熊沢　最後に、水俣市元市長の吉井正澄さんです。吉井さんは市長時代の1995（平成7）年水俣病患者や患者団体に国や県、市の対策は間違っていたと謝罪し、40年ぶりに政治解決をされました。東海村では、環境への取り組みを始めとして、全般にわたり、水俣市の取り組みを参考にされているようです。

では、吉井さん、よろしくお願いいたします。

東海村とのご縁

吉井　ご紹介いただきました吉井でございます。東海村との出会いは平成11（1999）年に水俣市で環境自治体会議を開催しました。その時は全国から1000名の人たちがお集まりをいただきました。その中に東海村の村上村長さん、そして村の幹部の方々、茨城大学の先生、多くの方がお見えになりました。水俣を勉強しに来たとおっしゃいましたので、びっくりしました。昭和31（1956）年に水俣病が公式確認されてから、坂道を転げ落ちるように水俣市は全国で一番惨めな、一番貧しい自治体に転落したわけです。ところが、同じ昭和31年にこの東海村に原子力の灯が灯りました。それ以来、東海村は朝日が昇る如く発展して、そして全国の自治体の経済的な豊かさではトップグループになられました。いわゆる颯爽と走っておられるトッププランナーが、惨めな走り方をしていて一番最後にへばり付いている水俣の走法を学ぼうというのですから大変驚きました。それ以後、村長さんは水俣に4回程お越しになられました。私もそのご縁がありまして、東海村をはじめ、茨城大学等に4回参りまして、今回で5回目であります。臨界事故以来、東海村がそれを起爆剤にしてどう変わっていかれるのかと興味があるからです。

高度経済成長の歪・水俣病

今、発展途上国から、小さい水俣、貧しい水俣が大変注目されております。世界でたくさんの公害が発生しています。しかし、その公害が発生した地域は衰微して、また元通りになることはないそうです。公害を克服して、新しい街をつくる取り組みは水俣だけで、発展途上国に非常に参考になるということです。今日は、公害の克服に、どのように水俣市の再生に取り組んできたかを中心にお話を申し上げます。

水俣病は化学工場チッソの廃水の中に含まれていたメチル水銀が原因で起きた病気であります。チッソという会社はすごく技術にすぐれた会社で、日本の高度経済成長を引っ張っていた会社です。その会社が、経営優先、効率優先で、廃水の安全管理をおろそかにしたために公害が発生しました。さらに公害が発生した後、猫に廃水を与える実験をして、自社の廃水が原因であると知っていながら、それを隠して廃水を流し続け、公害を拡大し、多くの人命を奪いました。いわゆる、企業のモラル、企業倫理の欠如、企業の社会的責任の欠如、これが厳しく問われてきた公害であります。50年経った今も、「水俣病ではないか」と認定申請をする人が約34人も出るなど大変な問題になっています。このように拡大と患者救済が滞っている責任は、国と熊本県にあるという最高裁の判決が下されております。

水俣病が発生した当時、日本が高度成長を始めた時期であります。その高度成長の中で、重要なのは、塩化ビニールなどプラスチック類がすごい速さで普及して、そのことが豊かさに繋がりました。この塩化ビニールを日本で初めて開発をし、製造をしたのが、チッソの水俣工場でございます。日本最大の塩化ビニール工場。それからビニールを作るためには、アセドアルデヒドやスクタノールの基礎素材が必要です。その基礎素材を独占的に作っていたのが水俣の工場であります。全国の化学工場は基礎素材の供給を受けて成り立っていました。チッソが倒産すると、全国の化学工場が大変な打撃を受ける。その打撃は自動車産業、繊維産業、電器産業などに波及し日本の経済成長が止まる。そういう危機的な状況にあったわけです。チッソの工場をどうしても続けさせたいということが国策であったのです。また、当時、化学業界は電気化学から石油化学に構造転換をする時期です。日本は世界の潮流に乗り遅れてしまった。そこで国は懸命に構造改革を推進していたわけです。構造改革が終るまでの10年くらいは、何がなんとしてもチッソの生産をやめさせるわけにいかないという理由がございます。そういう高度経済成長を推進する国策によって、廃水の規制、漁獲の禁止、汚染の範囲の破綻、全住民の健康調査など、水俣病の当初の危機管理が脱落いたしました。そのことが50年後までも混乱が続いている原因であります。高度経済成長という国策によって、水俣病の患者は踏みにじられたのです。そういう国の責任が問われています。では、水俣市民と水俣市は責任がなかったのかという問題がございます。水俣市は行政的な権限がなかったので行政責任は問われていません。

世界に類例がない公害

水俣病は世界に類例のない公害だと言われております。普通、公害というのは、毒物に直接暴露して健康被害が起きます。ところが水俣病では違っていて、原因物質が海に流され、海を汚染し、魚の食物連鎖を通して、濃縮された魚を食べた人たちが水俣病にかかるというような、生態系が関係した発生のメカニズムは世界で初めてであります。それから、もう一つは人間の体には脳を守るために脳血液関門がございますし、胎盤は赤ちゃんを守るために母親が摂取した毒素を阻止する機能があるそうです。極めて巧みな機能をもっているそうですけれども、それが役に立たなかったのです。魚から取った水銀で脳神経が侵されたのが水俣病であります。そして胎盤を通り抜けた水銀は母親よりも、おなかの中にいる胎児を犯したのです。死んで産まれた胎児が多く、生きて生まれた人たちは重度の障害を背負っている胎児性の水俣病患者です。いわゆる、それまでの医学の常識が破れたというのが、世界に類例がないという公害であります。

地域社会の崩壊

公害というのは主に健康被害です。ところが、水俣病の場合は健康被害だけではなかった。地域社会を徹底的に破壊してしまったのです。水俣病が発生して以来、中傷、偏見、差別、反発、反抗というのが渦巻く社会になってしまいました。発生して間もなく、昭和34（1959）年、患者、漁業者たちがチッソに「廃水を止めるように」と申し入れをしました。ところが、チッソは拒否。そこで怒った人たちは、2千人から3千人集まって、工場に乱入し事務所を破壊します。警察が入って排除する。100人ぐらいの負傷者が出る。そして100人を超す検挙者が出るという事件が2回起きています。水俣始まって以来の大騒動、大事件が起こっています。ところが、全く同じ時に、水俣の市長、議長、商工会議所会頭たちを先頭に市内の団体50くらいが集ってチッソを守ろうという運動を起こしました。県知事に対して「廃水を止めないでください」という陳情をやったわけです。廃水をめぐって大変な対立が起きたのです。それはなぜかと言いますと、水俣はチッソとともに栄えた町です。チッソが立地したことによって、工業都市として発展したのです。市の財政の半分以上はチッソの税金です。それから、7割くらいの人たちは何らかの形でチッソに依存して生活をしていました。チッソが倒産すると市の財政は破綻しますし、市民の生活の基盤がなくなるわけです。チッソの操業停止をすごく市民は恐れたのです。会社に補償を要求すると患者に対してすごく反感を持って水俣病問題が大きくなるのを制止するという手段に出たのです。患者と市民との対立が表面化しました。一方、患者はチッソ寄りになった市や国に反感をもち、行政とは話をしないと態度を硬化します。住民の生命を守るというのが地方自治の本旨であります。ところが、水俣市はそうではなかったのです。会社の側について、命を落としていく市民の方にはつかなかったのです。大変なことをやってしまったのです。水俣市の存亡の危機に直面して平常心を失ってしまった状況があったのです。

間接的被害が拡大

　水俣の置かれた特殊な事情というのに加えて、間接的被害が追い打ちをかけます。水俣病は原因が初めの頃は分からなかったので、水俣病は伝染病だとか、特有の奇病だとか、世間に広まってしまいました。患者や患者の家庭には、周囲の人たちは恐れて接触をしない。“除け者”にする。やがて水俣市民も他の市町村の人たちから、近寄ると水俣病がうつるとか、大変な差別を受けました。子供たちが修学旅行に行くと「近寄るな」と差別され、楽しいはずの修学旅行から苦い思い出だけを持ち帰っております。水俣で生まれたというだけで結婚話も壊れます。就職もダメになります。こういう事例が続発します。そこで水俣から他の地域に移り住んだ人たちは水俣出身を隠します。温泉は閑古鳥が鳴きます。下請け企業の倒産が続出します。

市民は何の関係もない悲劇に遭遇したわけです。倒産しても誰も補償してくれません。その憤りをチッソにぶつけるべきですけれども、患者にぶつけたのです。「お前たちが水俣病だ、水俣病だと騒ぐから、俺たちもこんなに散々な目にあうんだ」と。そこで患者は恐れて水俣病を隠します。肉親との死別の病苦、貧困、孤独。精神的な圧迫と五重苦の中につき落とされました。患者が2千万円や3千万円の補償金をもらいますと小さな漁村では嫉みが生じます。羨望が生まれます。「水俣病でもないのに、仮病を使って補償金をもらった」、「偽患者」、「金の亡者」などと誹謗中傷が渦まきます。そして“除け者”にされます。いかに補償金をもらっても周囲から“除け者”にされる。そういう中では決して救われないのです。針のむしろの上に座っているのと一緒です。救いの手をさし述べる地域社会や隣近所の人があって初めて患者は救われるのです。精神的救済と金銭救済が相整って初めて救われるのです。ところが、水俣の住民は全く反対のことをしてしまった。それなりの理由はあるのですが、理由があるにせよ、そうした状態に落としいれてしまった。これは水俣市と水俣市民が道義的、人道的な大きな罪を犯したと言えます。その市民と市が犯した道義的、人道的な罪をどのように償うかが水俣再生の根底にございます。

不幸や不遇に接したとき、愚痴が出るか、知恵が出るかで、その後は大きく変わります。水俣市民は水俣病の発生以来40年間、闘争や反発、愚痴、あきらめが渦巻く中で水俣から逃げ出したい。そういう思いで40年間暮らしてきました。しかし、40年間経てもどうにもならない。益々悪くなっている。そのことに初めて市内の若い人たち、特に役所の若い職員たちが、気づきました。「これじゃダメだ。誰も助けてくれない。我々の街を再生するのは自分たちだ。今まで愚痴だけを言ってきたけれども知恵を出そう」という意欲が生まれて参りました。

ところが、まちづくりを進めていく中にあるのはマイナスの材料だけです。チッソは潰れかけている。その下請け企業は倒産していく。そして市の財政は破綻寸前。若い人たちは水俣を離れる。社会は大混乱をして何もいいところがないのです。ではどうしたらいいか。そこで知恵を出そうと。ならば、マイナスはたくさんあるじゃないかと。そのマイナスの材料で水俣を作ろうとなったのです。まちづくりというのは個性が必要です。ところが生かせる個性が見つからない。あるのはたった一つで水俣病という公害だけ。水俣という名前は全世界に広がりました。しかし残念なことに、恐ろしい町や悲惨な町などのマイナスのイメージで広がっています。いうならばマイナスの強烈な個性です。「そのマイナスの個性でまちづくりができるか」という反論がありました。マイナスの個性をプラスに転換する。マイナスのイメージをプラスのイメージにかえる。価値転換がまちづくりだと市民の努力でできる。そこで、水俣病というマイナスの個性を再出発の根底に置こうと、その上に築き上げようと決意します。だが、市民同士がお互いを傷つけ合っている社会は、患者の救済もできないし、新しいまちづくりもできるはずがない。その対立をどう協調の関係に変えていくかということが必要だったです。

そこで、私が市長就任直後、2ヶ月後に水俣病患者犠牲者慰霊式がございました。それには、環境庁長官、県知事、国会議員等が参列します。その慰霊式の式辞の中で、「患者の苦しみを目の前にしながら十分な対策を取り得なかった。多くの苦しみを与えてしまったこと、誠に申し訳なく思います」。先程申し上げた市と住民が犯した道義的な罪に頭を下げて深くお詫びをいたしました。謝罪というのは、過去の過ちを反省して許しを請うことでありますけれども、それだけではない。過去の対立関係を協調の関係に変える。そのような大きな作用がございます。自分が変わることによって、相手も変わってもらうということです。まず市が変わる。そして患者の皆さんにも変わってもらう。こういう意味を含んだ謝罪をいたしました。電話が殺到しました。「水俣市長が、水俣病の対策は間違っていたと宣言をすると、国や県の水俣病の対策だから、国と県の間をどうするのか」とか、「国や県から見捨てられて対策ができるのか」という批判がたくさんきました。大変でした。ところが、幸なことに患者や患者団体との会話がよみがえりました。それまで全然話ができなかったのが甦った。しかも、当時患者団体は16団体に分裂して、お互い挨拶もしない、貶し合っているという仲でした。ところが、謝罪後、市長とすべての団体の間で対話ができるようになりました。それをまとめて、国に、総理大臣に、直接、救済を訴えたのです。その過程の中で、市民のほとんどの団体が応援もするようになり、一緒になって国にぶつかった。1995（平成7）年、水俣病の政治解決が実現しました。市民と患者との対立もなくなった。行政不信も緩和されてきた。そこでまちづくりの基盤ができて参りました。

「もやい直し」運動

その式辞の中で、私はもう1点「今日の日を市民みんなが心を寄せ合う「もやい直し」日の始まりとします」と宣言をいたしました。「もやい直し」とは、崩れてしまった内面世界を再構築する市民の意識改革であります。水俣病をしっかりと学ぶことによって、伝染病ではないことを理解しよう。水俣病発生以来、全国から多くの患者支援の人が来て価値観が多様化しました。そのことが混乱を招いた原因でもありますけれども、立場によって価値観は違うんだということを認識できる市民になろう。そして自分と全く反対の意見であっても、まずは耳を傾けることのできる市民になろう。さらに会話を通じて、新しい水俣のビジョンを話し合える市民になろう。このような呼びかけであります。立場や価値観の違うものが違ったままで、話し合いながら、楽しく共存していける社会をつくろうということを目指したのであります。「もやい直し」を進めるにあたっては、市民が多くの人と会話をする、挨拶をする機会や場が必要であります。学習会や講演会や討論会や共同作業などイベントを沢山しました。まず語り部をつくりました。患者さんに水俣病を語ってもらいました。患者は迫害を恐れて水俣病を隠していました。足を踏んだ人は踏まれた人の痛さはわからない。「痛い」と踏まれた人は声を出さなければいけない。それをお願いしました。その語り部の話しは大きな影響を与えるようになって参りました。

環境モデル都市をめざして

水俣病は環境破壊によって起きた。環境破壊から起きた公害ならば、環境を回復、環境を守ることから始めなければならないと考えて、新しい総合計画を作りました。それまでの水俣は観光と工業都市を目指しておりました。しかし、これは失敗をいたしました。そこで、新しい将来像は、環境と健康と福祉を大切にする産業文化都市に方向転換をいたしました。環境モデル都市づくりです。まちづくりの手法に市民参加という言葉があります。水俣市の場合は行政参加です。行政が市民活動に参加するという手法をとりました。私たちは対話を重視しました。いわゆるコミュニケーションと協働です。皆で一緒に汗を流す。その活動の中からたくさんのリーダーが生まれて活躍してくれました。まちづくりの目標と理念は全市民が共有する必要があります。

今、水俣市の環境都市づくりには市議会の各会派が競って、これを提唱いたしております。それから患者団体や患者の皆さんは、これを始めた時点では水俣病を幕引きするような企みだと反発をいたしましたが、今は違います。今、この街づくりの先頭に立って頑張っているのは、患者団体や患者の皆さんです。それから中学校、高校などで環境問題について話をいたします。たくさんの感想文が送られて参ります。それを見ますと「水俣に、環境問題で全国から視察研修に来るのは我々の誇りだ。自分たちもできることをやりながら受け継いでいきたい」と書いてあります。「3月に卒業して水俣を離れる。これまで水俣出身というのをひたすら隠していたと聞いていたが、私は違います。私は堂々と水俣の現状を話します」とも書いています。これを見ますと、職業、年齢、思想信条、そういうものを超えて、市民みんなが水俣の街づくりの目標と理念を共有していることが分かります。

ゴミの分別

チッソの廃水は企業のゴミです。そのゴミが水を汚染した。そして、その中に住んでいる魚が有毒化した。ゴミ、水、食べ物という順序で、水俣病が起きています。公害の入口はゴミです。入口のゴミをまず押さえなければいけない。ゴミを完全に分別をしようということが水俣のゴミ分別の始まりであります。今、22分別をやっております。全国から視察や体験で多くの人達が訪れます。水俣は徹底した分別をやっております。再生業者がゴミのブランド品と言っておるくらいです。もう一つは全世帯が家族ぐるみで自発的にやっているということです。一人暮らしや共働きの家族ではできないところもあります。そういうところは、中学生が部活を休んで駆けつけ、隣近所が応援します。助け合いが生まれました。ごみステーションでは、チッソの社員、患者、被害者、市民の間にゴミを中心として対話が生まれてきました。井戸端会議とは言いますけれども、水俣ではゴミ端会議と言っています。平成5（1993）年に、19分別から始めました。当時は2から3分別が普通でした。市民は大変戸惑いました。「面倒くさい」と言う声も聞こえました。マスコミが飛びつきました。そしてテレビが全国に競争して分別の状況を放映してくれました。新聞が大きく掲載をいたしました。それを見た市民は「自分たちがやっていることはすごいことだ」と認識しました。誰でも、自分のやっている行動がどう評価されるかで、その後を決めます。視察も増えてくる。それに説明することでゴミ分別に自信をもったのです。話題になる、注目される、高い評価を受けると、苦しいこと、やりたくないことも楽しみに変わります。自信が生まれます。誇りに繋がります。その自信と誇りは成功に導きます。幸いマスコミがその自信と誇りをつけてくれ、良くなります。他の事業にも浸透していきます。いわゆる良いことは良いことを産んで循環していく。私たちは善の循環と言います。ゴミが水俣再生の起爆剤になりました。

オリジナルな環境への取り組み

その他、たくさんの取り組みをやっております。資料として配付してありますので、お読みいただきたいと思います。ISO 14001（p.41参照）は全国の自治体で6番目に取得いたしました。私はISOは市だけがやるものではなく、ISOの理念を市民に普及すべきだと思いました。早速、水俣オリジナルの、水俣スタンダードのISOを作りました。それは、家庭版ISOとか、ホテルや旅館版ISOとか、学校版ISOなど、市民ができるISOをたくさん作って市民に実践をしていただいております。学校版ISOは、今、全国に普及しております。大変うれしく思っております。それからリサイクル産業の集積を図りました。廃家電、廃プラスチック、身障者によるペットボトル再生、機械廃油、ビンのリユース・リサイクルなど。たくさんのリサイクルの工場が立地しております。工場を作るにあたって市民が心配しました。「また公害が起きるのではないか」と。そこで、国や県の基準を遥かに上回る高い基準を設けた環境保全協定を会社と結ぶことにしました。それを結ばない会社は立地できない。そしてISO 14001を取得すること、それから工場を公開することをお願いしました。資源循環型社会の見本が水俣で一日で見られるわけです。

環境学習都市に変貌

このように、水俣が大きく変わりました。全国から中学校や高校の教育旅行が参ります。それから多くの大学が水俣をテーマに研究を始めております。ゼミの学生が水俣に滞在し勉強しています。卒論、修士論文、博士論文を書く人達がたくさん増えて参ります。県下の小学校は、毎年1回は水俣で環境教育を受けることに決められております。海外からもたくさんの人達が訪れます。JICA（国際協力機構）は発展途上国の国を将来を担うであろうエリートを日本に招聘しているのですが、そのJICA研修を水俣は引き受けております。長い人は1ヶ月間、市民の中に入り込みながら勉強をしています。「もやい直し」を中心とした地域づくりも、全国のいろいろな人たちが体験学習に訪れております。水俣の魚は危険だと大変敬遠をされましたが、今は違います。一番安全で、一番メチル水銀の含有量が低いのです。それで安全だから美味しい美味しいと食べていただいております。敬遠された農産物もサラダ玉ねぎやデコポン、お茶など全国から大変な注文をいただいております。これは水俣でできたから安全だということで、いわゆる安全ブランドとして定着して参りました。環境への取り組みは全国からの評価もたくさんいただいております。学校版ISOは全国に普及しております。環境首都のコンテストの小規模都市の部では連続第一位と高い評価をされております。環境自治体会議の2007（平成19）年の白書を見ると環境対策実施ランキングというのがあります。どれだけ自治体が環境に取り組んでいるかということで、水俣の場合は138項目の取り組みをやっており、第1位。その他、ほとんどの項目でトップレベルです。

これからの水俣

これまで、水俣の取り組みをお話して参りました。良いことばかり話したような気がいたします。現実は決してそうではありません。現在の水俣は人口がやはり減っております。そして経済も決して豊かではありません。全国の県民所得が発表になりましたが、熊本県は東京のちょうど半分で49.9%です。東京から遠い地域ほど、経済格差と過疎化に悩んでいるのです。人口を増やして豊かになろうという方向は至難の技だと思います。ではどうするか。私は水俣に住む人々が、経済的にも、文化的にも、満足度の高いまちはできると思っております。

今、国際社会ではGDPの競争が激化しております。エネルギーも獲得競争が激しくなって参りました。石油や原子力発電のウランもです。獲得摩擦が起きて参ります。国家間の対立、地球の有限な資源の枯渇、温暖化、有害物質の拡散、公害の広がり、地球環境の破壊、やがて人類が住めない地球になってしまう。こういうシナリオが進んでいるように思えてなりません。しかし水俣市民は、このシナリオには出演しません。なぜならば、経済的な物質的な豊かさを追求した中で起きた悲惨な水俣病という、とてつもない公害で苦しんできた水俣市民だからです。水俣病は小さい市の公害でしたが、その小さい悲劇が地球規模の大きな悲劇の前兆であると私たちは捉えています。GDPは経済的豊かさ、物質的豊かさを測る物差しです。私たちはGDPという物差しで測れないものを大切にしようということです。それは「こころの豊かさ」です。豊かな地球環境、自然との共生、安心安全の生活、高い教育と地域文化、助け合い、「もやいの郷土」などを大切にするまちづくりです。おそらく21世紀の後半は世界の潮流もそのような方向だろうと思っております。その小さいモデルになればというまちづくりをめざしているのです。

東海村への期待

最後に、東海村は世界で最も安全な原子力のまちのモデルになってもらいたいという、強い願望をもっております。原子力の安全に疑問を持たせるような事件が続発しております。水俣病を反省しますと、チッソという会社は先端技術で日本の経済成長を引っ張ってきた企業です。その先端技術からもたらされる豊かさにはとてつもない大きな危険が内包されていることを、私たちは実感したのです。土屋先生のお話では原子力のリスクは交通事故に比べるとすごく順位は低いということでした。確かにそうでしょう。しかし、一度何らかの形で壊れたら、水俣病の比ではありません。無差別に周辺の人たちを直撃しますし、多くの広がりがあります。場合によっては人類の存続さえ危ぶまれるような問題も含んでいると思います。そこで、村上村長さんが「原子力発電は否定しない。しかし、東海村住民にとっては絶対安全でなければならない」とおっしゃいました。絶対安全を守るためには、東海村の村政の根底には、生命の尊さ、人権の大切さ、環境の大切さ、このことを置くんだとおっしゃいました。私は感銘いたしました。先端技術は、確かに事故を防ぐために、すごく研究開発が進んでいると。しかし「その先端技術を操作するのは人間だ。人間には過ちがある。人間は過ちを犯す」ともおっしゃいました。すごく心に響いております。絶対安全を実現するためには住民の考え方がすごく大切だと思います。当時の体験を風化させてはいけないのです。常に、水俣もそうですけれども、50 年経っても風化させないように努力をしています。まず、住民が、人類を守る、人権を守る、環境を守るというような強い意志を強く表明して、そして、行動を起こしていくことが、原子力の安全を引っ張っていく一番の出発点だろうと私は思っています。原子力の安全のまちを実現していただきますよう、心から祈念いたしております。

熊沢　ありがとうございました。

大変分かりやすいお話で、大変な決断をされたとき、普通ではなかなかできないような決断をされて、患者団体に会いに行くという大変な困難があったと思います。当たり前なことを当たり前にしたと市長さんはおっしゃっいましたけれども、私たちはそこが素晴らしいと思いました。ありがとうございました。

質問をお受けしたいと思います。

質問１　二度目のお話を伺いましたが、毎回、感動しました。現在の水俣の原点は、市長さんの地域社会の考え方にあったと思いますが、その地域社会のお話をもう少ししていただけたらと思います。今のような地域社会になるのには、さらっとできなかったと推測できます。もしかしたら、市民に対する信頼というものが、裏になければ、あのような行動には出られなかったのかなあと思いますが、あのような謝罪を市長さんにさせた根拠といいますか、もう少し、お話いただけたらと思います。

吉井　私は、水俣では上流階級に属しています。と申しますのは、水俣の最上流に住んでいるということです。そういうことで、山の上ですから、水俣の海岸で起きている事件には、ほとんど関係がなかった。漁業との関係もないし、チッソとも関係がございません。また、私の周辺では、水俣病患者もいませんでした。昭和50（1975）年に市会議員に出て参りました。山から下っていきました。ところが驚いた。すごい社会であります。私は自民党の所属でした。自民党はチッソ贔屓です。しかし、私は訳がわからないわけですから、先輩に叱られながら、患者との交流を始めました。そして患者支援団体の中にも入り込んでいきました。両方から水俣病を見た場合、行政に非があるということが的確に分かりました。一般市民の側にも間違いがあるというのが的確に分かりました。これを何とかしなければ水俣は再生できないと思いました。私は市議会議員の時は、「崩れてしまった内面社会の再構築」と表現しておりましたが、市民に分かりやすい言葉で言わないとダメだと分かり、そして「もやい直し」、概念は全く一緒ですので、これを使うことにしました。回れ右をしなければダメだと、「もやい直し」を軸足にして180度転換する。「もやい直し」が大切な運動になりました。「もやい直し」とは、船を港につけるときに船同士を結ぶ時に使う綱を舫（もや）い綱といいます。舫い綱が絡んでしまっているので、もう一度、ほどき直して一隻一隻並べ舫い綱を結い直そうということが「もやい直し」です。舫いというのは共同作業という意味であります。

質問2　吉井さんが市長になられた時に、ものすごく周りが厳しい状況だったと思うのですが、ここまで水俣市が再生できた吉井さんの心境を教えてください。

吉井　市長になったとき、私は、水俣病を解決するのだということと患者を救済するんだという公約を掲げました。それが一点。その公約を実現していくためには、先程言った「もやい直し」が必要だということです。2月に選挙がございまして、就任まで3週間ございました。その3週間の間に、1人で患者の団体と支援団体と、主な所を個別に訪問をいたして意見を聞きました。事前に連絡をしますと、行政は来るなと、あるいは立ち入り禁止とやられますので、不意打ちをしました。そのことで、何が大切かということが分かりました。いわゆる意見を聞くということです。人は意見を聞いてもらうと、警戒心が解けます。そういうことを繰り返していくと対話が生まれます。そういうことをねらったわけではありませんが、辛いことがありましたけれども、結果的には、それが大きな功を奏したと思います。

熊沢　私、車を運転していた時に、水俣の関連の放送が流れていたのですけれども、吉井さんが、市が変わらないといけないとおっしゃっていましたけれども、その決断と同じような、患者さんの声が聞こえたんです。その時に、いろいろな差別を受けて厳しい状況の時に、患者のお父さんが差別をする人について悪い人だという娘に対して「海にも時化があるように、あの人は悪い人ではない」と話したそうです。患者の中にも、許そうという心をもっている人もいたのだと思いました。市長さんの運動を契機に一つにまとまることができたのではないかと感じました。僕は運転をしていて涙が出てきました。

吉井　患者さんも、偏見、差別、中傷、誹謗が渦巻く社会の中で、大変な苦労をされておったわけです。世間が何とか変わって欲しいという願望は市民よりも患者の側が強かったのです。しかし、変わるきっかけがなかったのです。きっかけを作ったという意味では、少し功績を残したかなと思います。物事は努力をしても、実現しない場合があります。それは機会に恵まれないからであります。チャンスが到来していないからであります。そのチャンスというのは、すごく大切だと思います。チャンスが問いかけてくるのではなく、自分で判断して、これはチャンスだと掴む必要がございます。掴んだらどうするかというのを事前に考えておくのも必要です。チャンスをつくるというのが、水俣の大きな一つだと思っておりました。それをどうつくるかということですが、謝罪、国や県、大臣が並ぶ前で謝罪するということに賭けたわけです。市長が謝罪をしただけでは、事態は変わらないのです。市長が謝罪をしたら、相手側である患者も変わってもらわなければいけない。両方が変わることがすごく大切だと思います。論議ではなく、対話がこの場をつくっていく。それが行政の長の役割ではないかと思いました。

それから、恐れないということ。信じたら恐れない決断だということ。私が村上村長さんを尊敬するのもそれです。臨界事故の時、国や県はすごく恐れ、なかなか進まなかった。その中で、すべての批判を受けるつもりで、さまざまなことを決断された。そのことだと思います。そのことがないと事態は進まないと私は思います。対話と決断が大切と今でも思っております。

村上　どうもありがとうございます。村長の村上ですが、これは重要だなと思ったことがあったので、時間の関係で簡単にお話しさせていただきますが、私自身も、これからの時代、環境問題、資源問題、人口問題、食料問題など、ここまで来たら地球は最後だなと思っているのです。ところが、我々の意識は相変わらず、GDPを気にして経済的なことばかりであります。道路の問題もそうですが、道路の規模を拡大することによって、幸せになると思っていますが、この間違いをいつになったら気づくのかなあということで、そういうことを村政の中でも言っていきたいのですけど、まだまだ躊躇するというところは、皆が今までの物があれば幸せになるという考えがあります。これからの日本人のあり方、日本国のあり方、あるいは地方の自治体のあり方などを言いたいのですが、もう少しその辺のところで吉井市長さんのお考えをお聞かせ願います。

吉井　皆さんのご両親もそうでしょうけれども、良い大学に行って、良い職をして、豊かに生活ができるように血のにじむような努力をされておるし、資産も少しでも残したいという大変な努力をされておると思います。ところが、一方では、資源は使い放題、公害を許したり、子供たちが住めない地球をつくろうとしているのも真実です。全く相反したことをやっている。今の日本であると思います。日本は先頭に立って、GDPの競争で住めない地球をつくるために進んでいますが、我々の水俣は、立ち止まって考えようと、論議をしようということを言っているわけであります。進んで行く先を、確かめなければいけない。片方では子供を溺愛し、片方では虐殺につながるような行為をやめようと私たちは言っているわけです。水俣病の根底にあったのは、高度成長期の国策による歪。人権、人命、環境の大切さというものが希薄になったことで起きた事件であります。

まだまだいろいろお話したいことがありますが、時間ですね。

熊沢 ありがとうございました。汗を流しながら一生懸命お話をしてくださって、本当にありがたかったと思います。

時間なので終わりにしなければなりません。ありがとうございました。

編集後記

1999 年 9 月 30 日に起きた東海村臨界事故から十年目の年となりました。事故当時、私は茨城大学地域総合研究所の研究例会の担当者でした。急遽予定を変更し、学内外の方々にお願いして、臨界事故とはどういうことか、放射線の健康への影響はどの程度なのかということについての勉強会を開きました。この勉強会に、多くの市民の方も参加され、事故の被害、健康不安、安全に対する不信等の様々な意見が出されました。それらの意見の根底には、茨城大学は利害関係を離れた自由な議論の場を提供し、事故の様々な影響について茨城大学が独自の立場で研究して欲しいという、大学に対する強い要請と期待がありました。このことは、茨城大学の存在意義を問われる重い期待であり要請でもあると感じました。それに答えるべく文部科学省の科学研究費を申請し、「東海村臨界事故の総合研究と地域社会における原子力事故防災教材の開発」、「東海村における原子力防災学習カリキュラムの開発と地域システムに関する総合研究」という課題が採択され、2000 年から 2004 年まで重点的に研究を行うことが出来ました。これらの研究成果を大学教育に直接反映させることも大学の使命と考え、茨城大学教養総合科目として、「原子力施設と地域社会」という講義を立ち上げました。この講義は、2000 年から現在まで途切れることなく続いています。当初は、学内教員有志のボランティアで始めた講義でした。学生のみでなく、市民の聴講が可能なように土曜日、日曜日に開講しました。休日にも拘らず、コーディネーターの私のお願いに講師の皆様が本当に気持ちよく応じて下さいました。その後、学外からも講師を招聘することが可能となり、講義はより充実してきました。講義の継続が出来たのは、講師の皆様の善意によるものと深く感謝しています。また、講義に参加してくださった学生や市民の熱意も、講義継続のための大きな原動力となりました。

十年間にわたる善意と熱意のリレーが、この講義録の出版という形で実を結んだことを大変嬉しく思っています。今後も教員の善意と学生・市民の熱意に支えられて、茨城大学が自由な勉学や議論の場として地域社会から信頼されて機能し発展することを確信しています。

2000 年より今日まで講義に携わって頂いた講師の皆様の善意と千数百名を数える受講者の熱意に重ねて感謝し御礼申し上げます。有り難うございました。

〔熊沢　紀之〕

講義に関わり、早5年が過ぎました。1999年JCO臨界事故時、10km圏内にあった我が家は屋内待避が勧告されました。この災害を目の当たりにし、電動車椅子を使用する身体障がい者である私が、避難、そして、避難生活と考えるだけで、不安は増すばかりでした。そこで、避難所のバリアフリー度を調査し、論文にまとめました。それから、この講義に関わっています。

発刊に向けて、ご購入いただきました皆さまに感謝申し上げます。また、この本を通し、災害時、少しでも不安を抱えている皆さんにもお読みいただけたら幸いです。

さいごに、この講義にお誘いくださいました茨城大学工学部 熊沢紀之准教授、また、出版に際し、茨城大学人文学部 帯刀治教授、校正にあたり、熊沢みゆき氏に感謝申し上げます。そして、献身的な介助で支えてくれる母（敏子)、自薦ヘルパーの皆さま方、また、勉学する喜びをお教えくださった茨城大学元教授 大嶋和雄先生、研究する場を与えてくださっている茨城大学地域総合研究所 所長 渋谷敦司先生をはじめ、所員の先生方、そして、今までも、これからも、私を応援し支えてくださる皆さまへ深謝いたします。さらには、出版社 文眞堂 前野隆さまにも感謝申し上げます。ありがとうございました。

〔有賀　絵理〕

本書では、I「証言 -JCO事故」における「公開討論」でのパネリストと受講者たちとのかなりエキサイティングなやり取りの整理、Ⅳ「まちづくりは続く」、第14章「震災復興・都市再生からの教訓」において、阪神淡路大震災後の震災復興・都市再生過程で何が課題となり、そこから何を学ぶべきなのか、また水俣の環境モデル都市づくりとエコタウンの試みから、東海村が教訓とすべき地域課題とは何かについて言及させていただきました。

本書は、その素となった公開講義「原子力施設と地域社会」を企画・実施された熊沢先生、そして一貫して熊沢先生の相談相手を務め、講義の実施をはじめ今回の出版事業にも編集作業などで協力された有賀研究員の献身的な努力によって刊行されました。公開講義を担当され、本書のため原稿をお届けいただいた各位に深く感謝すると同時に、文眞堂の前野専務のご理解に感謝申し上げます。

〔帯刀　治〕

付録　放射線用語 Q&A

熊沢　紀之

本書の中に出てくる原子力関係の専門用語を分かりやすく説明してみました。文系の大学生 Q 子さんの質問に A 博士が答えるという形式です。この付録を予習の意味で読んで頂いても、あるいは、復習の意味で読んで頂いても構いません。図Ⅲ－1－1～Ⅲ－1－4 は、田切先生の講義と共通ですが、図に戻らなくても読めるように配慮しています。

Q：放射線、放射能、放射性物質と難しそうな言葉が出てきて、それだけでアレルギーが出ちゃいます。分かりやすく説明下さい。
A：先ず、**放射能**について説明します。図Ⅲ－1－3 の一番上を見て下さい。通常は**放射能**とは放射線を出す能力のある物質のことをいいます。物質の基本的単位である原子は安定で、壊れたり融合したりすることはありません。ところがごく一部の原子の中で、不安定な原子が天然にも存在します。例えば、天然のウランの原子量（原子 1 個の重さを示す指標）は 238 ですが、中に 0.7%ほど原子量 235 のウランが存在します。ウラン 235 は不安定で壊れて、安定な原子へと変化していきます。その過程で出たエネルギーの大部分は熱となって、一部が放射線として放出されるわけです。また、人工的に原子を不安定な状態にしても原子が壊れて、その過程で放射線がでます。天然であろうが人工であろうが放射線を出す能力を持つ原子を**放射性物質**といいます。

Q：放射性物質でなくても放射線を出す能力はあるのですか？
A：鋭いご指摘です。レントゲン撮影のための装置があります。この装置では放射線の一種であるエックス線を出します。電気エネルギーを利用して放射線を発生しますが、電気を切ると放射線は出ません。従って、この装置自体は放射線を出す能力を持ちます。つまり放射能を持ちますが、放射性物質ではありません。言葉の定義からいえば、電気エネルギーを使ってエックス線を発生する装置も放射能の範囲に入ります。

Q：エックス線発生装置のような特殊な例を除けば、**放射能汚染**というと放射性物質による汚染と考えて良いのですね。
A：はい、普通の意味で放射能といえば、放射性物質のことをいいます。放射能汚染といえば、環境に放射性物質が管理区域から放出されたことを意味します。また、中性子線が照射されたことにより、普段は放射線を出さない物質が放射線を出すようになることがあります。これを**放射化**といいます。中性子線により放射化された物質による汚染も放射能汚染のなかに含まれます。
私は、放射能というと混乱を招きやすいので放射性物質という言葉で表現しようと努めています。放射能汚染と表現するより、放射性物質による汚染としたほうが、誤解がないと思います。

Q：放射能については分かりました。**放射線**について説明して下さい。
A：では、放射線について説明します。図Ⅲ－1－3の真ん中を見て下さい。この図に示すように放射線には5種類あります。この中で、**ガンマ線**と**エックス線**は電磁波つまり光に分類されます。太陽熱や太陽光発電で分かるように光はエネルギーをもちます。光の波長が短いほどエネルギーは大きくなりますね。
夏に紫外線を浴びすぎると日焼けしますよね。日焼けは、皮膚が火傷した状態です。紫外線は私達に見えませんが、私達に見えている光（可視光）より波長が短くて高いエネルギーを持つからです。そのエネルギーを吸収して皮膚組織が壊されて炎症をおこし、軽い火傷つまり日焼けとなるわけです。ガンマ線とエックス線は紫外線よりさらに大きなエネルギーをもつ光と考えて良いでしょう。

Q：じゃあ、光に似ているエックス線やガンマ線を浴びると日焼けするわけ？　でも、この間レントゲン検診を受けたけれど、レントゲンってエックス線でしょ？　別に日焼けしなかったけど。

A：それは、体に危険の無いようにエックス線の放射量を調整しているからです。エックス線も浴びすぎると日焼けを通り越して、細胞が壊れたり、遺伝子が傷ついたりします。だから、妊娠している可能性のある人はレントゲン診断を受けないように指導されています。

Q：紫外線でもエックス線でも沢山浴びると良くないってことね。
A：そうです。過剰量のエックス線を浴びると、遺伝子が傷ついて発ガンの確率が高まります。これは、エックス線に限らず全ての放射線に言えることです。一方、細胞には自己修復能力やガン化した細胞を見分けて除去してしまう能力もありますから、放射線を浴びたことで直ちにガンになるわけではありません。しかし、遺伝子が障害を受けたり、ガンになる確率が上がることになります。さらに過剰の放射線を受けると、ガンなどの確率が増加するだけでなく、実際の症状も出てきます。軽度では船酔いのような症状で治まる場合もありますが、重度になると火傷、脱毛、さらに過剰な放射線を浴びるとついには死に至ることになります。

Q：**確率的影響**と**確定的影響**のことですね。
A：はい、おっしゃるとおりです。このことについては、田切氏の講義でより分かりやすく、また詳しく述べられていると思います。図Ⅲ－1－4も参考にして下さい。

Q：分かりました。田切先生の講義を注意深く読み直してみます。ところで、放射線の説明から、放射線の影響の方にずれたみたいですね。放射線の説明を続けて下さい。
A：すみませんね。先ほど、エックス線とガンマ線を説明しましたね。放射線はエックス線とガンマ線だけではありません。もう一度、Ⅲ－1－3の真ん中の図を見て下さい。高速で運動している粒子の場合も**高速粒子線**と呼ばれ放射線に含まれます。運動している粒子がヘリウム核の場合は**アルファ線**、電子の場合は**ベータ線**、陽子の場合は**陽子線**、中性子の場合は**中性子線**と呼ばれます。粒子の種類と運動速度によって放射線の性質やエネルギーが決まります。

粒子の質量が最も大きいのがヘリウム核であるアルファ線、中性子と陽子はヘリウム核の約4分の1の質量です。電子はずっと軽くて中性子の1834分の1位の質量になります。同じ速度で運動する粒子では重い方がエネルギーが大きくなります。アルファ線を荷物を積んだ総重量20トンの大型ダンプカーとすると、普通免許で運転できる4トントラックが中性子線、陽子線、4才くらいの子供が乗った自転車がベータ線ということになります。

Q：粒子線の場合、同じ速度だと重いアルファ線がぶつかったときが、ダメージが一番大きいことになるのね。
A：そうです。アルファ線は衝突したときの衝撃（ダメージ）は大きいのですが、図Ⅲ－1－3の下の図を見て下さい。この図は、放射線の透過力を示した図です。アルファ線は紙を通過することは出来ません。また、粒子が電子であるベータ線は紙を通過しますが、アルミニウムなどの薄い金属を通過することは出来ません。一方、それよりエネルギーの小さいガンマ線やエックス線は、薄い金属を通過してしまいます。

Q：ダンプカーみたいなアルファ線が紙みたいなもので止められて、子供の乗った自転車が紙をすり抜けてしまうけれど、金属の薄い板で止められてしまう。これと比べると光の仲間の電磁波は、骨まで通過してしまうからエックス線写真、レントゲン写真が写るわけね。エックス線やガンマ線を止めることは出来ないの？
A：歯医者でレントゲンを撮ったときに、体に重たいライフジャケットみたいのものを着せられたことありませんか？

Q：あるある。アレ重かったな。それにレントゲン写真室のドアもなんだか重そうだった。
A：撮影したい歯以外のところにエックス線が当たるのは良くないので、鉛の入った防護服を着るのです。ドアにも鉛が入っていて重いのです。鉛の代わりに厚い鉄の板でも防ぐことが出来ます。

Q：放射線で危険になれば、鉛の箱か厚い鉄の板で囲まれたところに逃げ込めば大丈夫ね。
でも、鉛の箱って見たことがないし、車の鉄板は薄いから駄目だし……。そうだ、自衛隊の戦車の中が一番安全かな？
A：そうだとも言い切れません。中性子線をお忘れになっては困ります。アルファ線、陽子線は正の電荷、ベータ線は負の電荷を持つ粒子でしたから、紙や薄い金属板で止まりました。電磁波で物質を透過する力が強いエックス線やガンマ線も、厚い鉄の板や鉛の板で止めることが出来ます。しかし、厚い鉄板や鉛の板も電荷を持たない粒子、中性子からなる中性子線は通過することが出来るのです。つまり、戦車の中に逃げ込んでも中性子線は防ぐことは出来ないのです。

Q：でも、水やパラフィンで中性子を止めることが出来るって図にあるでしょ。人間の体には水分が多いから中性子を防ぐことができるでしょ？　だから安心でしょ？
A：安心しては困ります。水やパラフィンは水素を多く含みます。それにぶつかって中性子が運動を止めるわけです。先ほど中性子線を、アルファ線の大型ダンプと比べて4トントラックと例えましたね。4トントラックが走ってきて壁に当たって止まった場合を考えてみましょう。車が止まって壁はどうなりますか？　壁はそのエネルギーを吸収して壊れてしまいますね。中性子が止まったところが、人の体の水や生体組織だと考えて下さい。生体組織の蛋白質や遺伝子にも水素は多く含まれています。中性子線が当たった周辺の組織が壊れてしまうのです。

Q：え〜っ。それは大変なことでしょ。厚い鉄で囲まれた戦車の中にも中性子線が入り込んで、中にいる私は壊されてしまうのですか？
A：はい、壊されてしまいます。少ない量の中性子線だと、確率的影響にとどまりますが、ある程度以上だと、確定的影響が出ます。そして、生体が修復できる限度以上の中性子線を浴びると、修復不能となります。つまり、殺されてしまうことになります。この原理を使おうとしているのが、究極の核兵器と言われる**中性子爆弾**です。恐ろしいことですね。

Q：中性子爆弾はまだ作られていないから大丈夫でしょ？
A：広島や長崎で使われた原子爆弾でもガンマ線やベータ線だけでなく中性子線が出ました。まず、熱として放出されたエネルギーによって爆風がおこり多くの人が亡くなりました。しかし、爆風や火事を免れた方でも、中性子線、ガンマ線、ベータ線などの様々な放射線が体に降り注いだために命を落とした人、後遺症に苦しむ人が多数出てきたのです。中性子線が通過しやすいために、建物の陰や地下壕の中でも被曝した人が多かったと思います。中性子爆弾は、爆風を小さくして敵対する人だけを殺そうとする兵器です。爆風が小さければ、そこにあった施設を無傷で占領できると考えたのでしょう。原子爆弾や水素爆弾より卑劣な考え方に基づいた兵器が中性子爆弾です。中性子爆弾はどうであれ、今、世界に原子爆弾や水素爆弾が何万発も存在している現実から目を背けてはいけません。

Q：核兵器の恐ろしさは理解しているつもりです。私も、広島の原爆写真館にいって涙が止まりませんでした。世界中の人が核兵器を廃絶するために努力しなければならないと思います。でも、一方で、原子力には平和利用という側面もあると思います。
A：確かに、核兵器廃絶を目指しながら、現在ある原子力発電所などの施設を安全に運転していくことは大切なことです。大きなエネルギーをもつ原子力は最大限の慎重さを持って利用しなければならないということです。さて、中性子線の恐ろしさを述べたのには、理由があります。JCO 臨界事故で 2 名の作業員の方が亡くなっています。亡くなった原因は中性子線を沢山浴びたからです。

Q：でも、通常の作業で中性子を沢山浴びないはずでしょ。何故、中性子線を沢山浴びたのですか？
A：前に述べたように、ウラン 235 は不安定な元素で核分裂を起こします。図Ⅲ－1－1 を見て頂くとよく分かると思います。この図は中性子が衝突するとウラン 235 が核分裂を起こして、放射性バリウムと放射性のクリプトンに分裂していることを示しています。この核分裂の場合は中性子が 3 個放出されます。核分裂はこの形だけでなく、放射性のキセノンと放射性のストロンチウムが生成する反応もあります。この場合は 2 個の中性子が放出されます。この他にも様々な分裂のしかたがあり、様々な元素が生成します。また、中性子線以外にガンマ線やベータ線などの放射線も同時に放出されます。ここで重要なことは、1 個の中性子を吸収してウラン 235 が分裂すると、平均 2.5 個の中性子が放出されるということです。天然ウランの中にあるごく僅かのウラン 235 が核分裂しても、周辺にあるのは核分裂しにくいウラン 238 がほとんどですから、核分裂が継続して起こることはありません。従って、中性子線やその他の放射線が沢山放出されることはありません。

Q : もう少し分かりやすい例で説明して下さい。
A : そうですね。ウラン 235 をマッチとしましょう。そしてウラン 238 を湿っていてとても燃えにくいマッチと考えて下さい。ここに沢山のマッチがありますが、燃えるマッチは 0.7％で残りは燃えないマッチです。なんらかの拍子で燃えるマッチの一本に火がついても、周りには燃えないマッチばかりです。この場合に火が燃え広がることは無いですね。

Q : その場合は、事故も起こらなかったはずですね。
A : そうです。では、次々と火が移って燃え広がるようにするためにはどうすればいいですか？

Q : 燃えないマッチを減らして、燃えるマッチの割合を増やします。
A : そうです。燃えないマッチの中に燃えるマッチの割合を増やす作業、即ち、ウラン 238 の中にウラン 235 の割合を増やす作業を**ウラン濃縮**といいます。これは、遠心分離器をつかうエネルギーと労力の必要な作業です。ウラン濃縮をおこなって、ある量以上のウラン 235 を集めると、核分裂したウラン 235 から放出された中性子がとどく範囲に別のウラン 235 が存在する状態になります。中性子が衝突した 2 番面のウラン 235 は、そのエネルギーによって核分裂をして、また中性子が放出されます。この中性子が 3 番目のウラン 235 にこの様にして次から次へと核分裂が続いていきます。このような連鎖的な反応が始まったことを**臨界に達した**といいます。このために必要なウラン 235 の量を臨界量といいます。このとき、1 個のウラン 235 が核分裂して放出する中性子は平均して 2.5 個だったことを思い出して下さい。さて、**臨界量**を超えるウラン 235 が一カ所に集まった状態で何の制御も行われない場合にはどうなるでしょうか？

Q：ねずみ算式に核分裂が起こることになりますね。
A：そうです。中性子線によって、核分裂がねずみ算的に進んでエネルギーを一度に放出するように作ったのが**原子爆弾**です。

Q：原子爆弾の原理は理解できました。**原子力の平和利用**についても教えて下さい。
A：ウラン 235 の核分裂反応は原子爆弾も原子力発電も同じです。ねずみ算的に核分裂が進行していくのを制御しながら、しかも核分裂を途絶えさせるのではなく、ほどよい加減で核分裂を継続させて熱エネルギーを取り出し、それを電気エネルギーに変換しているのが**原子力発電**です。

Q：原子力発電所には、様々な安全装置があるのでしょう？
A：そうです。原子力発電所には様々な安全装置があり、地震などのときには原子炉の核分裂反応を止めるような装置もあります。

Q：核分裂反応をどうすれば止めることが出来るの？
A：私にばかり聞かないで、少しご自分で考えてみたらどうですか？

Q：中性子を吸収する物質があれば、連鎖反応を止めることができるはずでしょ？　でも、そんな物質があるの？　もしあれば反応のコントロールに使えるはずよね。
A：ピンポン、正解です。おーい山田君、Q 子ちゃんに座布団 3 枚持ってきて。原子力発電所で最も重要な役割を果たしている**制御棒**には、ホウ素という中性子線を吸収する能力のある物質が使われています。

Q：座布団有り難うございます。10 枚貯めたいな。緊急時に核分裂は止めることが出来ても、運転しているときに中性子線はでるのでしょう？
A：そうです。中性子線や事故を防ぐために様々な対策がとられています。先ず、原子炉本体は厚さ 5cm 程度の鋼板で被われているそうです。鋼板では中性子線を防ぐことは出来ませんが、中性子線は水やパラフィンだけでなくて分厚いコンクリートでも防ぐことが出来ます。コンクリートを固めるときセメントと水を混ぜ合わせますね。加えた水がセメントを固めるために働きコンクリートの中に残っているので、中性子線を防ぐことが出来ます。鋼板の外側の鉄筋コンクリートの厚さは 80cm といわれています。これにより、中性子線が外に漏れるのを防いでいます。

Q：もっと、原子力発電所の安全対策について説明して下さい。
A:それに関しては、電力会社の HP を見れば詳しく説明されているはずです。大切なことは、様々な安全装置だけでなく、そこで働く人の意識だと思います。私にも原子力発電所で勤務していた S 氏という古くからの友人がいます。今は他の部署で働いていますが、当時彼は、原発で働く労働者の意識が非常に高いことを誇りにしていました。優秀なスタッフが熱意と責任感を持って原発を動かしている。そのため、日本の原発ではスリーマイル原発やチェルノブイリ原発のような事故を決して起こさないと熱く語っていました。

Q：原子力発電所で働く人の意識が高くないと安全は保証できないことは分かりました。しかし、安全対策が万全だと考えすぎると、事故は起こらないと思いこんでしまいませんか？
A：その通りだと思います。事故を起こさないという意識が、間違った方向に作用すると、事故は起こらないという過信につながります。その過信が、JCO 事故を切っ掛けとして批判された**原子力の安全神話**だと思います。

Q：少し、横道にそれたようですから話を戻して下さい。JCO は発電所じゃなくて、ウランの加工所でしょ。この話とは直接関係がないのではありませんか？

A：いいえ。残念ながらウラン加工所である JCO でウラン 235 の核分裂が継続して起きる状態になったのです。原子力発電所や原子爆弾と同様の核分裂反応が連続して起こったのです。先ほどの言葉で言うとどうなりますか？

Q：核分裂が連続して起こるということは、**臨界状態**になったということですね。

A：はい。その通りです。

Q：原子爆弾のような大惨事にならなかったのが不思議ですね。

A：そうです。幸いなことに、原子爆弾ほど大量のウラン 235 が核分裂したのではありません。広島原爆のときに使われたウラン 235 は 50kg ～ 60kg でそのうち約 1kg が核分裂したと推定されています。一方、JCO の事故では約 1mg、つまり 0.001g のウラン 235 が核分裂したと報告されています。従って、放出されたエネルギーは広島原爆の百万分の一となります。また、環境に放出された放射性物質の量は、気体状になって換気扇から出てきたものだけとなりますから、百万分の一よりさらに少ないと推定されます。

Q：それでも二人の方が亡くなり、従業員だけでなく、一般市民の方も被曝されたわけでしょう。人命はお金には換算できないし、健康もお金で買えないと思います。

でも、私の疑問はまだ晴れていません。なぜ、ウラン加工所でこんな事故が起こったのですか？

A：ウラン 235 を臨界量以上保有している加工所では、そのウラン 235 を近くに持ってくると臨界が起こる可能性は常に存在します。

Q：でも、それまで臨界事故は起こっていなかったのでしょう？

A：軍拡競争が熾烈だった冷戦時代には、旧ソ連やアメリカで臨界事故が起きたと報告されています。しかし、ウラン 235 を臨界量以上に集めなければ事故は起きません。核開発国では、作業員の教育を徹底することやウラン 235 を扱う装置の形を工夫するなどして、臨界事故が起こらないような体制を作りました。それにより、臨界事故は根絶されたとまでいわれていました。

Q：じゃあ、なぜ世界にハイテクを誇る日本で臨界事故が起こったのですか？
A：Q 子さんが何気なく言った世界にハイテクを誇る日本という考えも、先ほど話した原子力安全神話をつくってしまうことになった原因かも知れません。さて、JCO でも作業の安全マニュアルを作り、多少の作業ミスがあったとしても、臨界事故が起こらないように装置の形も工夫していました。装置の形を工夫することで臨界量以上のウラン 235 が一カ所に集まることを防ぐことが出来るはずでした。

Q：でも、臨界事故が起こったのは事実ですね。何故ですか？
A：安全マニュアルをきちんと守って普通の作業をしていれば、臨界事故が起こることはなかったのです。ところが、JCO では安全マニュアルを逸脱した作業が行われていたのです。

Q：バケツでウラン 235 を含む溶液を調整したとか報道されていましたね。
A：そうです。その行為も安全マニュアルから逸脱しています。それでも、通常の作業であれば臨界は起こらなかったはずです。

Q：通常でない作業ってどういう意味ですか？
A：普通の原子力発電所で使われている燃料棒に含まれるウラン 235 は 3 ～ 4％です。臨界事故が起きた時には、旧核燃料サイクル機構から依頼され、より高い濃度のウラン 235 を含む燃料を調整していました。そのため、18％以上のウラン 235 を含んだ水溶液を使うことになったといわれています。（このあたりは、村上氏の講義をもう一度お読み下さい。）

Q：通常の作業でも安全マニュアルから逸脱していた。この事故では通常よりずっと高い濃度のウラン 235 の溶液を使って、しかも安全マニュアルを無視した方法で混ぜ合わせたために、臨界量以上のウラン 235 を一カ所に集めてしまい臨界が起こったわけですね。

A：そうです。明智君のような素晴らしい推理です。しかも、水溶液で起こる臨界は、普通は一度で終息するはずですが、様々な条件が重なり 20 時間にわたり臨界が継続しました。

Q：JCO の安全軽視と違法な操業が問題の全てですね。

A：確かに JCO の安全管理が不十分であったことは事故の原因です。でも、問題の全てと言い切れるでしょうか？　事故に至ったより深い社会的背景を調査し解明して、その反省の上により安全な体制を作るべきではないでしょうか？

Q：事故の背景とはどういうことですか？

A：臨界事故はウラン 235 を取り扱う加工所としては、一番注意しなければならない事故です。ところがウラン価格の低迷などで、従業員のリストラなどが行われ、少ない人数で行程をこなさなければならなかったことなどの社会的な背景があると報道されていました。そのような状況では、従業員の教育に手が回らなくなるでしょう。臨界についての教育を十分受けていなかった従業員が、危険を正しく認識しないで作業したと考えられませんか？　また、JCO では安全マニュアルから逸脱した作業が何度も行われていました。違法な作業を見逃していた監督官庁の責任は免れません。亡くなった二人はその被害者ではないでしょうか。

Q：亡くなった二名の方、そのご家族のお苦しみは大変だったと思います。このような悲惨な事故が二度と起こらないように、きちんと JCO 臨界事故を学んで行くことが大切だと思います。早く臨界事故を忘れようとするだけでは、亡くなった二名の被害者に申し訳ないですね。

A：今は操業を停止した JCO だけの問題として、早期の幕引きをしようという姿勢では、原子力産業全体の安全性は向上しません。例えば、高濃度の燃料を発注した旧サイクル機構にも、当事者に近い存在として責任を問われると思います。また、原子力安全委員会は状況の把握と臨界が継続しているか否かの判断までに、あまりにも時間を掛けすぎました。

Q：まだまだ検証して改善しなければならないことが沢山あるのですね。
A：そのために、様々な分野の先生方にお願いしてこの授業を続けているわけです。きちんとした反省なくして、安心して暮らせる街を作ることは出来ません。理系、文系、行政と多様な視点からこの問題を考えて頂ければと思います。そのためには、市民が主体となって安全について考えていくことが大切です。でも、市民が原子力事業者に注文するばかりでは駄目ではないでしょうか。市民、事業者、そして行政が相互に尊敬し、お互いの立場を理解した共通の基盤に立って安全、安心といえるような事業所やそれを取り巻く社会システムを構築していくことも重要だと思います。

Q：そうですね。原子力の現場で安全確保に努力されている人に、一方的に要求を突きつけるだけでは駄目ですね。文句ばかり一方的に言われたら、現場の人の志気も下がりますしね。ところで、まだ、質問があります。
A：流石は、茨城大学の学生さんですね。問題の本質を良く理解されています。それに、勉学に対する姿勢が素晴らしい。で、質問とは？

Q：先日、広島や長崎で原爆投下後、数日経ってから市内へ救援に行って被曝した方のことがテレビで放映されていました。原爆が爆発した時点で核分裂は終わっているはずですね。そうすると、核分裂による中性子線による被曝ではないと思うのですが、どうして被曝したのですか？
A：ウラン 235 が核分裂したときに、何が出来たかを思い出して下さい。

Q：えーと、放射性の元素でしたね。バリウムとかクリプトンとかキセノンとか、色々な壊れ方をして様々な放射性物質ができるということでしたね。
A：正解です。

Q：核分裂によって、放射性物質が無くなるのではなくて、新しい放射性物質が生成するのですね。

A：そうです。放射性物質が無くなるどころか、核分裂によって生じた放射性物質からの放射線の方がずっと強くなるのです。核爆発によって、核分裂の生成物である多量の放射性物質が広島、長崎の周辺に放出されました。また、爆発による中性子が当たることによって、放射性物質ではなかったコンクリートや金属も放射性物質に変化します。このことを中性子線による放射化といいます。これらの放射性物質は爆発の後も強い放射線を出すことになります。

Q：それが、**死の灰**とよばれるものですか？

A：そうです。死の灰と呼ばれています。死の灰には様々な放射性物質が含まれています。

死の灰からでる主要な放射線はガンマ線だといわれています。原爆の炎からようやく逃れた人に、火傷で苦しむ人に、赤ん坊に、子供に、若者に、老人にガンマ線は降り注ぎました。そして、我が子や親を捜そうと必死の思いで駆けつけた人々にも、傷ついた人々を救助しようと爆心地に入った人々にもガンマ線が降り注ぎました。情けも容赦もない悪魔のような仕業です。それが、事故後に爆心地に入った人々が被曝した原因です。この被曝によって命を落とした人、白血病やガンになった人もいます。そして、被曝により今なお苦しめられている人がいます。

悲しく重く苦しい話ですが事実です。

Q：………………

A：JCO 事故で亡くなった二名の被害者、広島、長崎の原子爆弾で命を落とされた多くの方々に心から哀悼の意を表します。

Q：**放射線の平和利用**って無いのですか。

A：そんなことはありません。エックス線検診は健康のために大切です。様々な放射線がガンの治療に使われています。また、医療器具を殺菌するためにも放射線は使われています。核分裂のエネルギーと放射線を悪魔のような兵器として使ったのは、人間です。放射線をガンの治療に使うのも人間です。さらに、高速粒子線を用いた新しい科学技術の発展も期待されています。
中性子線で生命現象の根幹をなすタンパク質の構造を決定したり、材料を改良して機能や強度を上げたりと様々な分野への応用が考えられています。村上村長や斎藤義則氏の講義で紹介された東海村 J-PARC は、そのための施設です。

Q：………何とか落ち着きました。勉強を続けましょう。聞くのが恐ろしい質問が一つあります。原子力発電所でもウランの核分裂反応は同じですね。とすると死の灰も出ているのでしょうか？
A：原子力発電所の外には漏れだしていませんが、死の灰と同じ物質が出来ます。

Q：どれくらいの量が出来るのですか？
A：100 万キロワットの原子力発電所が 1 年間稼働すると、広島原爆の 300 ～ 900 倍の死の灰が生成するといわれています。

Q：それは、厳重に管理されているとは思いますが、もし漏れだしたら大変な汚染になりますね。
A：その通りです。**チェルノブイリ原子力発電所事故**では、その大変なことが現実に起こり、広島原爆で放出された放射性物質の 800 倍ともいわれる放射性物質が外部に放出されました。

Q：原子力発電所で働いておられる方々は、ストレスも多くて大変でしょうが、くれぐれも安全重視でお願いします。それから、テロへの対応もしなければなりませんね。
A：さて、放射線による被曝は、外部からの被曝だけではありません。ここでは、分かりやすい例として、アルファ線を出す放射性物質の場合を考えてみましょう。

Q：アルファ線だから紙一枚で防ぐことが出来るはずですよね。パンチ力はヘビー級だけれど動きの鈍いボクサーみたいなものですね。そんなパンチは簡単にかわすことが出来ます。

A：Q 子さん。とても面白いたとえですね。文字通り、紙一重でかわすことが出来ると Q 子さんは思うわけですね。

Q：紙一重の意味は違いますが、とりあえず A 博士に座布団 2 枚さしあげて、お勉強に戻りましょう

A：ありがとう。人体表面から放射線にあたることを**外部被曝**といいます。外部被曝の場合は、アルファ線は紙一枚で防ぐことが可能です。でも、その放射性物質を吸い込んでしまった場合はどうですか？　鈍くさいボクサーだと侮っていたら大変なことになります。

Q：体の中に入ったら、防ぎようがないですね。アルファ線のヘビー級パンチが、直接細胞に当たってしまいます。とても怖いですね。

A：そうです。放射性物質を決して侮ってはいけません。さて、体の中に取り込まれた放射性物質から放射線を浴びることを**内部被曝**といいます。アルファ線に限らず、内部被曝は外部被曝以上に深刻な被害を及ぼします。先ほどの原子爆弾の話では、外部被曝の恐ろしさを述べましたが、被爆者には内部被曝も同時に起こりました。

Q：放射線の健康被害について知りたいのですが、放射線の単位が難しくてよく分かりません。

A：健康被害を考えるときは、**シーベルト（Sv）**という単位を用います。

Q：へえ、長崎出島のオランダ医師は放射線の影響まで調べていたんだ。

A：それは、シーボルトです。山田君、Q 子さんの座布団 1 枚もってって。シーベルトも人名ですがもっと最近の人で、1966 年に 70 才で亡くなったスウェーデンの物理学者です。さて、放射線の生体への影響の指標となるのが、シーベルト（Sv と以下表記します）という単位です。

先ほど、アルファ線はパンチ力が強いとお話ししましたが、生体 1kg 当たりに同じエネルギーの放射線が照射されても、そのダメージは、放射線の種類に

よって異なります。1J（ジュール）のエネルギーを生体 1kg に照射したときのダメージをガンマ線やエックス線、ベータ線（電子線）では 1Sv とします。アルファ線では、同じエネルギー（1J/kg）が与えられてもダメージが大きいため 20Sv となります。

Q：アルファ線のダメージは同じエネルギーのガンマ線の 20 倍になると考えて良いのですね。では、中性子線ではどうなりますか？
A：中性子線では、速度によって、ガンマ線の 5 倍、10 倍、20 倍のダメージを受けるとされています。

Q：中性子線も生体に与えるダメージは大きいのですね。速度によっては、ヘビー級のアルファ線と同じくらいのダメージを受けるのですね。しかも、中性子線はアルファ線と違って防ぐのが難しいから大変ですね。ところで、放射線の人体への影響では**ミリシーベルト**という単位がよく出てくるのですが？
A：1 ミリシーベルトは、1 シーベルトの千分の一です。つまり、1Sv は 1000mSv（**ミリシーベルト**）となります。これは、1m（メートル）を 1000mm（ミリメートル）表すのと同じです。さて、1mm（ミリメートル）の千分の一は、1 ミクロンつまり 1 μ m（マイクロメートル）ですね。では、1mSv の千分の一は？

Q：1 μ Sv（**マイクロシーベルト**）です。簡単すぎますね。
A：シーベルト単位に馴れてほしいのでこの問題を出しました。先ず、世界の人が自然界から一年間に平均的に浴びる放射線量は 2.4mSv です。1 年間かかって浴びるのがこれくらいの放射線量ですから、1 時間当たり、どれくらいの放射線量を浴びていることになりますか？
μ Sv 単位で答えて下さい。

Q：えーっと。2.4mSv を、まず、μ Sv にするには、1000 倍すればいいわけだから、2400 μ Sv となります。次に、1 年間は何時間かを計算すると、365 × 24 を計算すると 8760 時間となります。2400 μ Sv を 8760 時間で割ると、1 時間当たり 0.274 μ Sv となります。

A：正解です。1 時間あたり 0.274 μ Sv のことを 0.274 μ Sv/hr とも表します。

Q：なんで、こんな計算をさせるのですか。

A：放射線測定器は計測した放射線量を 1 時間あたりで表示するからです。また、この計算により、0.3 μ Sv/hr ぐらいが自然から受ける放射線の量だと見当が付きます。自然からの放射線はつねに、変動しています。そのため、時としてこの値の数倍の自然放射線が観測されることがあります。

ところで、小野寺氏の講演で JCO 事故の時に計測された放射線量が 1 時間当たり、0.84mSv だったというお話しがあったと思います。ここで問題です。この放射線量は、先ほど計算した自然から受ける 1 時間当たりの放射線量の何倍になるでしょうか。

Q：0.84mSv/hr を μ シーベルトであらわすと 840 μ Sv/hr となって、この値を 0.274 μ Sv/hr で割ると、3066 倍となります。

A：これが JCO の外で計測された放射線の量が如何に大きいかが分かったでしょう。あとは、図Ⅲ－1－4 をよく見ておいて、田切氏の講演を注意深く読んでください。

では、基本的なことが分かった時点で JCO 事故のことに戻りましょう

Q：JCO 事故では、中性子線が外部に漏れただけですんで、放射性物質の環境への放出は無かったと考えて良いのですか？

A：いいえ、まず臨界事故がおこり、1mg のウラン 235 が核分裂したのですから、様々な放射性物質ができます。それらの物質の中で、キセノンやクリプトンは**希ガス**と言われる元素です。常温、常圧では気体として存在します。核分裂で生成したこれらの希ガスは、放射性物質です。また、核分裂による熱で様々な放射性物質が大気中に飛び散り、気体状になったことも考えられます。気体はきちんと密閉していない限り、簡単に外に出てきます。事故が起きた JCO の部屋は、臨界事故など起こるはずがないとの考えに基づいて設計されていますので、密閉されていません。そのため、気体状の放射性物質の放出が

ありました。

Q：放出された放射性物質による人体への内部被曝は無かったのですか？
A：放出された気体状の放射性物質の量が少なく、気体状の物質は外気と混じり合って薄められるために、内部被曝は測定が難しいような非常に低いレベルだったと報道されたと記憶しています。

Q：そうすると、住民や従業員の被曝の原因は中性子線などの放射線によると考えられますね。
A：そうです。水やパラフィン以外でも分厚いコンクリートの壁があれば中性子線を防ぐことができますが、JCO の建物の壁を通り抜けて、敷地外にも中性子線が放出されました。JCO から 1.7km 程離れた当時の那珂町にあった原子力研究所で事故による中性子線が観測されました。周辺には民家がありますので、中性子線によって周辺住民、救急隊員、JCO の従業員、合わせて 666 人が被曝したとされています。この中性子線による外部被曝がおもな被曝の原因とされています。外部から中性子線を受けたことで、体内にあるナトリウムが放射化されます。その放射化されたナトリウムによる内部被曝も同時に起こります。体内で放射化されたナトリウムの量が少なく、また放射化ナトリウムの半減期が短いため、中性子線による放射化が起こったとしても、体の放射線レベルは数日でもとのレベルに戻ります。（半減期については田切氏の講演を参考にして下さい）

Q：中性子線による外部被曝によって健康被害は起こったのですか？
A：事故後、体調を崩したり、様々な症状を訴える人がおられました。また、症状は出て無くても、確率的影響を心配する人も沢山います。

Q：事故による心理的な被害、PTSD で苦しんだ人や今も苦しんでいる人もいるでしょうね。
A：心理的な被害も健康被害だと思います。様々な症状や不安に苦しまれている方々の症状が少しでも軽くなることをお祈り致します。

Q：JCO 周辺の農作物などが、放射性物質によって、汚染されることは無かったのですか？

A：放出された放射性物質の量が少なかったことが幸いでした。また、気体状の放射性物質は速やかに拡散します。つまり、大量の外気で薄められてしまうのです。それだけでは心配な人が多かったので、茨城県が県内で生産された農作物、魚介類について放射線を計測しました。全て通常レベルでした。つまり、放射性物質による汚染は見られませんでした。

Q：疑り深いようですが、通常レベルっていうのが引っかかります。

A：汝全てを疑え、というのが学問の基本ですから、どんどん疑って頂いて構いません。天然にも放射性物質は存在します。そのため、全ての食品に微量ですが放射性物質が含まれています。それが通常レベルです。

Q：茨城産であろうが、和歌山産であろうが、愛知県産であろうが、すべての食品に天然の放射性物質が含まれていると考えて良いのですね。

A：はい、そうです。御三家産であろうが、親藩産であろうが、外様産であろうが、外国産であろうが、全ての食品に天然の放射性物質は含まれていると言えます。ただし、ごく微量です。それによる健康被害は起こりません。事故後に、茨城県が検査した全ての食品は普通に含まれている天然の放射性物質のレベルを超えていなかった。つまり、農作物、魚介類への放射性物質の汚染は無かったということです。

Q：食品以外で汚染されていたものはあったのですか？

A：検査は工業製品にまで及んだと聞きましたが、放射性物質による汚染は皆無でした。きちんと検査をして安心なのにもかかわらず、事故後に茨城産の様々な製品が売れないという被害がおこりました。工業製品どころか、茨城県から来た旅行客の宿泊を拒否するという**差別**までおきました。これが正に**風評被害**です。東海村の村上村長はじめ村役場職員、周辺市町村、茨城県職員など多くの人が、事故の対応だけでなく風評被害に対応して大変なエネルギーを使いました。このことは、パートＩの村上氏や小野寺氏の講義を読み返して下さい。

Q：茨城県の人を汚染されたように差別するなんて許せないですね。
A：幸い風評被害は終息しつつあります。一方で、原爆で被曝した人々が差別に苦しんだ事実も忘れてはいけません。工場排水に含まれていた水銀が原因である水俣病も、当初風土病だと主張する学者達もいて、被害者は深刻な差別に苦しみ、地域社会も分断されました。その状態から水俣を再生し環境都市へと導いた吉井正澄氏の講演がパートⅣの最後にあります。

執筆者紹介

Ⅰ　証言―JCO 臨界事故
小野寺　節雄（東海村建設水道部都市政策課副参事）
村上　達也（東海村村長）

Ⅱ　地球温暖化と原子力
田中　俊一（内閣府原子力委員会委員長代理）
大嶋　和雄（理学博士、茨城大学元教授、茨城大学地域総合研究所客員研究員）

Ⅲ　リスクと防災
田切　美智雄（茨城大学評価室教授）
熊沢　紀之（茨城大学工学部准教授）
土屋　智子（財団法人電力中央研究所社会経済研究所上席研究員）
桑原　祐史（茨城大学工学部講師）
有賀　絵理（茨城大学非常勤講師、茨城大学地域総合研究所客員研究員）

Ⅳ　まちづくりは続く―リスクに向き合いながら
齊藤　充弘（福島工業高等専門学校建設環境工学科准教授）
斎藤　義則（茨城大学人文学部教授）
帯刀　治（茨城大学人文学部教授）
吉井　正澄（元 水俣市市長）

原子力と地域社会
東海村 JCO 臨界事故からの再生・10 年目の証言

2009 年 2 月 28 日　第 1 版第 1 刷発行　　検印省略

編著者　帯刀　治
　　　　熊沢紀之
　　　　有賀絵理
発行者　前野　弘
　　　　東京都新宿区早稲田鶴巻町 533
発行所　株式会社 文眞堂
　　　　電話 03（3202）8480
　　　　FAX 03（3203）2638
　　　　http://www.bunshin-do.co.jp
　　　　郵便番号（162-0041）振替 00120-2-96437

印刷・㈱キタジマ　製本・廣瀬製本所

定価はカバー裏に表示してあります
ISBN978-4-8309-4642-4　C3036